GRANDES TÚNELES

INNOVANT PUBLISHING
SC Trade Center: Av. de Les Corts Catalanes 5-7
08174, Sant Cugat del Vallès, Barcelona, España
© 2020, Innovant Publishing
© 2020, Trialtea USA, L.C.

Director general: Xavier Ferreres
Director editorial: Pablo Montañez
Coordinación editorial: Adriana Narváez
Producción: Xavier Clos
Diseño de maqueta: Oriol Figueras
Maquetación: Mariana Valladares
Redacción: Sergio Canclini
Edición: Ricardo Franco
Corrección: Karina Garofalo
Ilustración: Roberto Risorti (pág. 37, 92, 93, 118 y 119)
Créditos fotográficos: "Tuberías para inyección de hormigón",
"Natural Tunnel State Park", "Túnel del amor", "Túnel de Sakura", "Túnel
de carreteras", "Gusano de la madera", "Vía de Oresund", "Cables
en túnel", "Acueducto romano en Tarragona", "Tube de Londres",
"Vieja mina de hierro", "Gran Colisionador de Hadrones", "Excavación
subterránea masiva", "Construcción del metro en Bangalore (India)",
"Dovelas de concreto", "Ilustración 3D de tuneladora", "Tunnel Boring
Machines", "Ilustración Tunnel Boring Machine", "Cabezal de la Tunnel
Boring Machine", "Rozadora", "Jumbo", "Ubicación del eurotúnel en el
mapa", "Automóvil a bordo del tren que atraviesa el eurotúnel", "Moneda
japonesa en conmemoración a la apertura del túnel de Seikan", "Sello
postal en conmemoración a la inauguración del primer túnel de San
Gotardo", "Túnel carretero de San Gotardo", "Erstfeld (Suiza)", "Puente
del diablo (Suiza)", "Túnel Laerdal (Noruega)", "Estación de trenes
Marmaray (Turquía)", "Complejo Aqualine Bahia de Tokio", "Carretera
colgada de Guoliang (China)", "Sistema SMART (Malasia)", "Gate Tower
Building (Japón)" (©Shutterstock).

ISBN: 978-1-68165-876-6
Library of Congress: 2021933742

Impreso en Estados Unidos de América
Printed in the United States

ÍNDICE

INTRODUCCIÓN

Desde que tomó conciencia, el ser humano se embarcó en la misión de modificar su entorno en provecho propio. Esa capacidad de intentar cambiar el planeta a su gusto lleva decenas de miles de años. Su intención logró a veces el objetivo, pero también hubo ocasiones en que el éxito no fue tal. La realización de túneles para lograr un propósito es casi tan antigua como el descubrimiento del fuego o la invención de la rueda. Cavar la tierra y perforar la roca, primero con objetivos mineros y luego como vía de comunicación, figura en la lista de sus trabajos de ingeniería.

Si bien la definición corriente de "túnel" indica que se trata de un paso subterráneo abierto artificialmente para atravesar un obstáculo y establecer una comunicación entre dos puntos, la evolución de la humanidad llevó a que aquellos primitivos trabajos de ingeniería se transformaran en magníficas obras de la tecnología moderna, rozando, en algunos casos, características fantásticas.

El desarrollo de técnicas de ingeniería favoreció el trabajo de los primeros mineros en las civilizaciones sumeria y egipcia; la búsqueda de metales preciosos perfeccionó los recorridos en las minas mucho antes de la era industrial; la invención del ferrocarril tuvo como fin abrirse camino a través de montañas y ríos, con tal voracidad ingenieril que tampoco se detuvo cuando hubo que sortear estrechos y canales marinos. La necesidad de contar con un planeta cada vez más intercomunicado siguió proponiendo escenarios para construir túneles. Entonces, las montañas fueron reemplazadas por macizos; los canales, por mares, y ¿por qué no? hasta por océanos en un futuro cercano.

Desde el primer túnel excavado por debajo del río Támesis (desató una verdadera revolución a raíz de las máquinas utilizadas para tal fin) hasta las construcciones subterráneas que son imprescindibles para la comunicación, como acueductos, galerías en minas, canales para emisarios submarinos o los más sofisticados aceleradores de partículas, la evolución de la tecnología le permitió a la ingeniería resolver cada vez más rápido los desafíos propuestos por la naturaleza.

No hay duda de que la tecnología sigue avanzando aceleradamente. Una de las debilidades del ser humano fue siempre imaginar cómo sería la ingeniería en el futuro, ya sea aplicada al transporte o a la comunicación. Ideas hay muchas, proyectos claros, muy pocos. Sin embargo, ingenieros de todo el mundo no dejan de trabajar en nuevas ideas que quizás, algún día, las próximas generaciones puedan disfrutar. Comencemos a atravesar los túneles y a mirar, desde su interior, hacia dónde van.

INGENIERÍA NATURAL
Y ARTIFICIAL

La observación de la naturaleza inspiró a los primeros
seres humanos a excavar el suelo y romper la roca
para franquear aquellos obstáculos que le impedían
una normal comunicación entre dos puntos.
Desde que el arquitecto griego Eupalinos dirigió
la construcción de lo que se considera uno de los
primeros túneles de la historia, un pasadizo de algo
más de 1.000 metros cavado durante el siglo VI a.C. en
la isla griega de Samos, a lo largo del tiempo los seres
humanos fueron testigos de diversas obras de ingeniería
que sencillamente nos dejan sin palabras, como el
túnel de Laerdal, por debajo de la cordillera noruega,
el de Marmaray, sumergido en el estrecho de Bósforo,
el eurotúnel que conecta Francia con Inglaterra por
debajo del Canal de la Mancha, o el túnel de Seikan, uno
de los tantos que existen en Japón.

Natural Tunnel State Park, en Virginia, Estados Unidos.

LOS TÚNELES NATURALES

La existencia de túneles en la Tierra es más antigua de lo que imaginamos. La propia naturaleza se ha encargado de generar conductos subterráneos. Sin la necesidad de herramientas ni trabajos de perforación, excavación ni sostenimiento, auténticas obras de "ingeniería natural" se encuentran a la vista para maravillarnos.

EL NATURAL TUNNEL STATE PARK
En los Montes Apalaches, cerca de Duffield, en Virginia, Estados Unidos, se encuentra el Natural Tunnel State Park. Se trata de una enorme cueva formada hace más de un millón de años debido a la erosión provocada por el agua del río Stock Creek que, desviado hacia el subsuelo, se filtró por las grietas de las rocas. Al toparse con un muro de caliza y dolomita, erosionó su entorno hasta formar una cueva tan grande que permitió la instalación de un ferrocarril para transportar el carbón extraído de la otra parte de la montaña. El túnel tiene 61 metros de ancho, 24 metros de altura y 250 metros de largo.

LOS TÚNELES SUBTERRÁNEOS DE ZAMBIA
En el sur de África fueron hallados los túneles naturales subterráneos más largos del planeta. Construida por un género extinto de topos (*Cistecephalus*), la red de túneles se extiende por más de 2,8 kilómetros y cubre un área de casi 7 hectáreas. Los túneles se formaron a medida que los topos escarbaban por debajo de la superficie para extraer bulbos y raíces comestibles.

EL TÚNEL DEL AMOR
En la región ucraniana de Klevan, la vegetación ha conquistado el espacio abierto en torno a las vías ferroviarias al ir creciendo a su alrededor. Si bien los rieles están despejados y permiten que

En Ucrania, la vegetación conquistó el espacio abierto en torno a las vías ferroviarias y formó un túnel.

El túnel de Sakura se tiñe de rosa cuando florecen los cerezos.

los trenes sigan circulando, el resultado es un mágico túnel verde por donde se cuelan los rayos del sol. Debido a su originalidad y belleza, son muchos los fotógrafos y las parejas de enamorados que se sienten atraídos por el lugar.

EL TÚNEL DE SAKURA, JAPÓN
En la ciudad japonesa de Kioto, la floración de los cerezos a principios de la primavera tiñe muchos parques y paseos de un color rosa pálido y los convierte en un escenario de ensueño. Entre tantos túneles naturales, se destaca el de Sakura (en japonés, flor de cerezo), un sitio emblemático para la cultura nipona debido a la importancia que le asignan a esta flor.

EL TÚNEL VERDE
Declarada Patrimonio Ecológico Ambiental y Cultural de la ciudad de Porto Alegre, la calle Gonçalo de Carvalho ostenta un túnel de 500 metros formado por árboles de tipuana de 18 metros de altura. Los árboles, también conocidos como "tipu de palo rosa", fueron plantados en 1937 y están protegidos por un decreto local que obliga a mantener sus características y preservar su fisonomía.

LOS TÚNELES ARTIFICIALES:

Si bien la definición etimológica de túnel refiere a "una obra subterránea de carácter lineal hecha por el ser humano que comunica dos puntos para el transporte de personas o materiales", existen también trabajos de ingeniería que presentan un conducto único con múltiples entradas que se expande en forma de red. En efecto, las líneas del metro urbano subterráneo de cualquier ciudad no son más que largos túneles entrelazados con numerosos puntos de acceso desde la superficie.

Los primeros túneles realizados por el ser humano se remontan a la Edad de Piedra. Tenían por objeto la extracción de materiales para elaborar armas y herramientas. Restos de prehistóricas minas de sílex fueron encontrados en Francia, Bélgica y Gran Bretaña, con una antigüedad de casi 5.000 años. El desarrollo de una precaria minería a partir de la Edad de los Metales hizo

Un túnel artificial es un paso subterráneo
que atraviesa un obstáculo para establecer
la comunicación entre dos lugares.

que sumerios y egipcios emplearan técnicas para abrir túneles y
extraer el cobre con que fabricaban herramientas y otros utensi-
lios. La primitiva técnica consistía en calentar la piedra con fuego
y luego enfriarla de manera brusca para provocar grietas en la roca
y abrirse paso en la montaña.

El primer registro escrito sobre la técnica de construcción de
túneles está fechado en 1556. Se trata de la obra *De Re Metallica*,
redactada en latín por el alquimista y químico alemán Georg Bauer
(1494-1555), un texto póstumo que fue toda una referencia sobre
minería y estuvo vigente durante los siguientes tres siglos.

Además de las galerías excavadas en la roca para la extracción
de minerales, los primeros grandes túneles fueron construidos por
el ser humano para dotar de agua a las grandes ciudades. En esta
actividad se destacaron los romanos con sus impresionantes acueductos de varios kilómetros de longitud.

Junto con la expansión de las redes ferroviarias durante la
Revolución Industrial se propagó la construcción de túneles para
atravesar las barreras físicas que impedían el paso del ferrocarril.
Cadenas montañosas y ríos ya no fueron un obstáculo para los
ingenieros especializados en excavaciones. La llegada del automóvil trajo consigo la construcción de carreteras y más túneles para
conectar dos puntos distantes.

La técnica de excavación de túneles ha avanzado mucho gracias a las actuales máquinas tuneladoras, que permiten construir
infraestructuras cada vez más grandes y producir obras de ingeniería que antes eran impensadas. Ya sean vías para comunicación
y transporte, galerías de minería, ductos para conducción hídrica
en represas o sofisticados aceleradores de partículas, el avance a
través del material a excavar se realiza repitiendo un ciclo de operaciones durante toda la longitud del túnel: perforación, deses-
combro y colocación de soportes. Es un trabajo que se realiza una
y otra vez, durante días, meses y hasta años.

Brunel se inspiró en el trabajo de
los gusanos de la madera o teredos.

LOS PRIMEROS TÚNELES MODERNOS

En 2013, durante un trabajo de excavación realizado por la
Sociedad Arqueológica de Derbyshire, Inglaterra, salió a la luz la
estructura de lo que se cree que es el túnel ferroviario más antiguo
del mundo. El túnel Fritchley fue construido en 1793 por el ingeniero civil Benjamin Outram (1764-1805) como parte de la línea
ferroviaria Butterley Gangroad que transportaba cargamentos de
piedra caliza desde la cantera Hilt y desde otras canteras en Crich
hasta el canal Cromford en Bullbridge. Originalmente se trató de
una estructura por debajo de la carretera Chapel Street, con un
largo de 22,58 metros y una altura de 3,05 metros.

El ferrocarril permaneció activo hasta 1933. Durante la
Segunda Guerra Mundial, el túnel sirvió como refugio antiaé-
reo y, tras ser sellado en 1977, ambas entradas quedaron sepulta-
das a partir de 1989. En febrero de 2015, la Ley de Monumentos
Antiguos y Áreas Arqueológicas estableció que el sitio fuera desig-
nado monumento programado con el rótulo de "el túnel ferroviario más antiguo del mundo y representación viva de la ingeniería
de túneles de aquellos días".

El desarrollo de técnicas para la construcción de túneles fue
evolucionando en la Inglaterra de entonces y se incrementó mucho
más durante la Revolución Industrial.

A principios del siglo XIX, Londres requería una obra de magnitud para poder transportar mercancías y personas a través del río
Támesis, pero sin interrumpir el tráfico de los grandes cargueros
que a diario surcaban sus aguas. Se planteó entonces la idea, por
primera vez, de concretar una obra de envergadura bajo el río. Pero
tras años de fallidos intentos, las esperanzas de habilitar un túnel
subterráneo fueron mermando y, finalmente, decayeron.

Sin embargo, un ingeniero anglofrancés ideó una estructura
que finalmente permitió avanzar por debajo del Támesis y unir

las dos orillas con un túnel. El ingeniero Marc Isambard Brunel (1769-1849) se inspiró en los *shipworm* o gusanos de la madera (también llamados teredos) y en los túneles que producían al horadar muelles y cascos de barcos.

El trabajo de los teredos fue emulado por Brunel al concebir una estructura que permitiera excavar a través de una superficie tan inestable como el fondo del Támesis.

El ingeniero Brunel trabajó, con la colaboración de su amigo inventor Lord Thomas Cochrane (1775-1860), en el desarrollo de una estructura de hierro compuesta de tres niveles, cada uno con doce secciones. Dentro de cada sección un minero realizaba a mano las tareas de excavación y extracción del material durante cuatro horas seguidas, antes de ser relevado por un compañero. Cada minero escarbaba solo 10 centímetros antes de que toda la estructura fuera impulsada hacia adelante mediante gatos mecánicos. Esta parte de la estructura, denominada escudo, cumplía las veces de la cabeza del teredo, ya que además de contener a los operarios sujetaba la tierra e impedía derrumbes. Un segundo grupo de hombres trabajaba inmediatamente por detrás y revestía el túnel resultante con ladrillos, con lo que le daban forma al conducto.

¿TÚNEL O PUENTE?

Cuando el obstáculo a sortear es un curso de agua, la construcción de un túnel es normalmente más onerosa que la realización de un puente. Sin embargo, los trabajos para el cruce aéreo pueden estar limitados por la navegación, ya que es muy probable que la colocación de los altos pilares coincida con los canales habilitados para el tráfico acuático.

Por el contrario, los puentes ocupan mucha más superficie sobre tierra que la utilizada por los túneles. En ciudades donde el precio del suelo es elevado, como Manhattan o Hong Kong, este es un factor determinante en favor de una conexión subterránea. También en ciudades como Boston se procedió a reemplazar la red de carreteras en superficie por sistemas de túneles para incrementar la capacidad de tráfico, aumentar el terreno útil, mejorar la movilidad y, al ocultar los pasos, favorecer la estética de la ciudad con respecto a su frente marítimo. Otro factor para optar por túneles en vez de puentes ha sido el estratégico.

En 1934, el túnel de Queensway Road debajo del río Mersey en Liverpool, Inglaterra, fue elegido antes que un puente por razones de seguridad, ya que en caso de conflicto bélico, un avión podía derribar el puente e interrumpir una importante vía de comunicación. Por cuestiones de mantenimiento (un puente requiere mucha más atención que un túnel), similares decisiones se tomaron en la construcción de los túneles Holland y Lincoln, entre Nueva Jersey y Manhattan, y en los túneles del río Elizabeth entre Norfolk y Portsmouth, en Virginia. Más razones para optar por un túnel en vez de un puente son dificultades técnicas, como mareas, clima extremo o navegación constante durante la construcción; razones estéticas, como preservar el paisaje existente; o miedo a posibles problemas, como accidentes y caídas desde lo alto. De todas maneras, existen algunos casos que combinan puentes y túneles, como el puente de Oresund, entre Copenhague (Dinamarca) y Malmö (Suecia), o el complejo Aqualine de Japón, que atraviesa la Bahía de Tokio para unir las ciudades de Kawasaki y Kisarazu.

La vía de Oresund, entre Dinamarca y Suecia, es un ejemplo de combinación entre puente y túnel.

Brunel patentó su invento en 1818, pero recién en marzo de 1825 se iniciaron las obras debajo del lecho del Támesis.

Los obreros, provistos de picos y palas, avanzaron centímetro a centímetro hasta cubrir los 405 metros de longitud del túnel. La inauguración oficial del túnel fue el 25 de marzo de 1843, dieciocho años después del primer golpe. Fue una impactante noticia que se propagó por todo el mundo. Unas 50.000 personas pasaron de una orilla a otra durante las primeras 24 horas y, en menos de tres meses, la mitad de los habitantes de Londres (un millón de personas) había abonado la suma de un penique para cruzar por debajo del río. La magnífica obra de ingeniería civil se había convertido en una atracción para la población, aunque lo verdaderamente extraordinario fue el empleo de la primera tuneladora de la historia.

En los siguientes grandes proyectos de ingeniería bajo ríos siguieron utilizándose estructuras similares, pero con una diferencia, ya que ninguna fue diseñada con formato de paralelepípedo sino cilíndrico. Este diseño fue patentado por el ingeniero mecánico James Henry Greathead (1844-1896) para los primeros túneles del metro de Londres, que también pasaban por debajo del Támesis.

Por razones de seguridad, muchas
líneas de alta tensión se extienden
en túneles subterráneos.

Pese a tener forma de paralelepípedo, la máquina de Brunel es considerada una auténtica tuneladora, insignificante frente a las gigantescas máquinas de más de 5.000 toneladas de peso y cerca de 200 metros de longitud (Tunnel Boring Machine) que se utilizan en la actualidad para excavar túneles para carreteras, líneas de ferrocarril o redes de metro, pero tuneladora al fin.

OTRAS EXCAVACIONES SUBTERRÁNEAS

Existen otras excavaciones subterráneas que están construidas con las mismas técnicas que los túneles y requieren una ingeniería e infraestructura similar, pero en muy pocos casos sirven como vía de comunicación y transporte.

Recurrir a una perforación bajo la superficie por motivos de protección fue la intención con la que, en la antigüedad, se construyeron los primeros acueductos subterráneos. Más cerca en el tiempo, y por el mismo motivo, también se han realizado grandes excavaciones para enterrar líneas de alta tensión, para alejar de la costa emisarios submarinos, para conducir flujos hídricos hacia una represa o para albergar aceleradores de partículas. Sin entrar en la categoría de "túnel", pero con muchas características en común, pozos y galerías de minas, así como redes subterráneas para trenes metropolitanos en las grandes ciudades, también requieren trabajos de excavación y una ingeniería considerable.

LOS ACUEDUCTOS

Su denominación proviene del latín *aquaeductus*, formada por los términos *aqua* (agua) y ducto, que a su vez deriva del verbo *ducere* (guiar). Se trata de un sistema de irrigación que posibilita el transporte de agua en forma de flujo continuo desde el sitio donde es accesible en la naturaleza hasta el punto de consumo o utilización.

Acueducto romano en Tarragona, España.

En la ingeniería moderna, el término también se emplea para designar cualquier sistema de tuberías, zanjas, canales, túneles y otras estructuras similares.

La técnica para la construcción de acueductos fue desarrollada por pueblos tan antiguos como los romanos, con muy pocos cambios para las canalizaciones actuales. En el transporte del agua desde su nacimiento hasta el lugar requerido, cuando el terreno se eleva el canal queda enterrado y forma una galería subterránea. Cuando, en cambio, se interpone un monte u obstáculo que no es posible rodear, se recurre a la perforación de la roca para generar un túnel. Cuando hay que vencer una fuerte depresión, se construyen sistemas de arquerías que sostienen el canal y lo mantienen en el nivel adecuado.

El túnel de Jinpingshan es uno de los más profundos del mundo. Está formado por dos tubos paralelos de 12 metros de diámetro y 17,54 kilómetros de largo que conectan las presas de Jinping I y Jinping II, en el sur de China.

Según los escritos del político Sexto Julio Frontino (40-103 d.C.), los romanos se conformaron con el agua que provenía del Tíber, pozos y manantiales, durante los primeros 441 años desde la fundación de la ciudad. El primer acueducto subterráneo, de unos 16 kilómetros, fue construido por el censor Apio Claudio (340-273 a.C.) en el 312 a.C. Fue un trabajo sumamente complejo para su época, ya que la estrechez de la perforación exigía que solo trabajasen uno o dos hombres por vez, por lo que la obra progresó con mucha lentitud. Sin embargo, desde aquellos tiempos, la preferencia por los trazados subterráneos en los acueductos más antiguos obedece, en primer término, a limitaciones técnicas, y luego, al interés por proteger los conductos de sabotajes en períodos de guerra. Esta experiencia romana en la construcción de canales, drenajes y cloacas fue ampliamente capitalizada por las siguientes generaciones.

Los acueductos modernos también se construyen bajo tierra. Son, por lo general, extensas redes de conductos realizados en hierro, acero o cemento. En los Estados Unidos, el acueducto Delaware, que transporta agua desde los Montes Catskill hasta la ciudad de Nueva York, tiene una extensión de 137 kilómetros y es el segundo más largo del mundo, ya que el primero es el acueducto Vizcaíno-Pacífico Norte, en Baja California Sur, México.

Existen acueductos que también transportan agua, pero no para el consumo. Se trata de colosales estructuras, mayormente subterráneas, que se utilizan para canalizar corrientes de agua para activar turbinas que generan energía eléctrica en las centrales hidroeléctricas. En el sur de China, en la provincia de Sichuan, la central hidroeléctrica de Tan, que se encuentra en la unión de los ríos Niaomu-Yongxing y Yalong, es una de las más altas del mundo. Su pared de cemento alcanza los 305 metros de altura y todo su embalse forma dos presas: Jinping I y Jinping II. Para conectar las aguas de ambas presas se construyó durante ocho años, de 2003 a 2011, el túnel de Jinpingshan. Esta es una gran estructura subterránea formada por dos enormes tubos paralelos de 12 metros de diámetro y 17,54 kilómetros de largo. El de Jinpingshan es uno de los túneles más profundos del mundo, puesto que se sitúa por debajo de la montaña que le da nombre. Una vez finalizado, formó una red con otros túneles de similares dimensiones para el drenaje del embalse principal y la generación de energía.

En el norte de Islandia, la central hidroeléctrica de Kárahnjúkar también requirió una importante obra de ingeniería que incluyó la construcción de inmensos túneles. La pared de la represa tiene la altura de un edificio de 55 plantas para contener, en un embalse tan grande como la isla de Manhattan, las aguas que provienen del glaciar Vatnajökull. Desde allí, el torrente hídrico es canalizado a través de un túnel a lo largo de 45 kilómetros y, luego de salvar una caída de 300 metros, es dirigido hacia 6 impresionantes turbinas en una inmensa central hidroeléctrica subterránea con aspecto de estación de metro. La energía resultante sirve para alimentar la fundición de aluminio de Fjardaál, inaugurada en Reyoarfjörour en junio de 2007. La obra fue realizada por la empresa italiana Impregilo y demandó 7 años de trabajo y más de mil millones de euros.

El tren subterráneo de Londres
es uno de los más antiguos, pero
también uno de los más modernos.

LOS TÚNELES DEL METRO

Las redes subterráneas de los ferrocarriles metropolitanos no son más que largos túneles interconectados. Los métodos de excavación, perforación y sostenimiento son exactamente iguales a los empleados en la realización de túneles. Pese a que existen trenes urbanos cuyo trayecto transcurre total o parcialmente en la superficie, el concepto de metro se vincula, por lo general, a un ferrocarril subterráneo. Esta solución fue adoptada progresivamente por las ciudades a medida que fue creciendo su radio urbano y ante la falta de terreno disponible para implementar sistemas de transporte masivo sobre la superficie.

En 1843, el político inglés Charles Pearson (1793-1862) propuso, como parte de un plan de mejoras para la ciudad de Londres, abrir túneles subterráneos con vías férreas. En 1853, tras diez años de debates, el Parlamento inglés autorizó su propuesta y en 1860 comenzó la construcción del primer túnel de metro. Tres años después, el 10 de enero de 1863, se inauguró la primera línea de la Metropolitan Railway equipada con locomotoras de vapor. Aquel túnel inicial tuvo 6 kilómetros de longitud, pero paulatinamente fue extendiéndose hasta conformar, en 1884, un anillo de unos 20 kilómetros de circunferencia.

Establecido en el presente como una de las formas de transporte más eficientes en las grandes ciudades, el metro recibe diferentes nombres: *tube* o *underground* en Inglaterra, *subway* en los Estados Unidos, *U-Bahn* en Alemania, *chikatetsu* en Japón, subte en la Argentina, metropolitana en Italia o simplemente metro en España, Francia y Portugal. Entre los más extensos se encuentran las redes de trenes subterráneos de Guangzhou y Beijing (China), Londres (Inglaterra), Nagoya (Japón), Moscú (Rusia) y Seúl (Corea). Entre los más pintorescos, el metro de París y el de Moscú se destacan por su exquisito diseño. Entre los más famosos se encuentra el *subway* de Nueva York, así como el metro de Tokio.

La técnica para la construcción de
túneles se funde en sus orígenes
con la minería.

LAS MINAS

Desde el punto de vista histórico, los túneles como vías de comunicación y transporte son relativamente recientes comparados con las primeras excavaciones destinadas a la búsqueda y explotación de minerales.

En la construcción de minas se destaca la realización de pozos de ingreso y de galerías que permiten el acceso del personal hacia los sitios de trabajo. En las galerías se sitúan las vías o cintas transportadoras para la evacuación del mineral y todo tipo de conducciones, desde cables eléctricos hasta tuberías de aire comprimido. La superficie de una sección de galería es variable: según la finalidad a la que se destine, pueden tener desde 4 m² las más sencillas, hasta 20 m² las mayores. La sección de las galerías más usuales no sobrepasa los 13 m², ya que a mayor superficie excavada, mayor presión ejerce el terreno, lo que ocasiona problemas de sostén. El ancho promedio alcanza los 4 metros, medida más que suficiente para permitir la instalación de vías para el tráfico de vagonetas.

Repleta de túneles, la mina subterránea de cobre más grande del mundo se denomina El Teniente y está en las cercanías de la ciudad de Rancagua, Chile. Cuenta con 4.500 kilómetros de túneles en plena cordillera de los Andes, producto de más de 100 años de trabajo.

La primera extracción de mineral se realizó en 1905 y desde entonces la mina creció como una verdadera ciudad subterránea por debajo de un cerro de 2.200 metros de altura.

En marzo de 2018, la empresa estatal Codelco, propietaria de El Teniente, anunció una expansión para un mejor aprovechamiento del yacimiento, que extenderá la vida útil de la mina por otras cinco décadas. El proyecto pretende seguir horadando las entrañas del cerro otros 400 metros, que se suman a los 400 metros de profundidad actuales. A partir de allí, se ramificarán nuevos túneles y galerías que requerirán una inversión de 3.500 millones de euros.

El Gran Colisionador de Hadrones (LHC).

EL COLISIONADOR

Situado en la frontera franco-suiza, cerca de Ginebra, el Gran Colisionador de Hadrones (en inglés, Large Hadron Collier, LHC) es una máquina en forma de túnel, un anillo de 27 kilómetros de circunferencia ubicado a 100 metros bajo tierra. Se trata de una de las máquinas más complejas jamás construida con el fin de acelerar el flujo de partículas. En su desarrollo, al margen del personal encargado de los trabajos de excavación, sostenimiento y terminación del túnel, aportaron sus conocimientos más de 2.000 físicos de 34 países y cientos de universidades y laboratorios de investigación, quienes se integraron al proyecto del Laboratorio Europeo de Física de Partículas (en francés, Conseil Européen pour la Recherche Nucléaire).

El túnel cuenta en su recorrido con 9.300 imanes superconductores refrigerados a -270 °C, fundamentales para hacer girar los haces de partículas desde dos puntos distintos a velocidades cercanas a las de la luz. Cuando estos haces chocan entre sí, permiten a los investigadores detectar nuevos fenómenos físicos.

El complejo del LHC comenzó a funcionar a pleno en 2009 y se espera que se mantenga operativo al menos durante los próximos tres lustros. Durante este tiempo, los científicos esperan obtener datos suficientes para saber más sobre los elementos que componen la materia y poder recrear las condiciones que provocaron el big bang o gran estallido que dio origen al universo.

MÉTODOS DE CONSTRUCCIÓN

Elegir el terreno, optar por un sistema de excavación, utilizar las herramientas adecuadas y buscar el mejor sistema para el sostenimiento son pasos obligados en la construcción de todo túnel.

Es importante que cualquier proyecto de túnel comience con una investigación sobre las condiciones del terreno. Los resultados de la investigación permitirán determinar la maquinaria y los métodos de excavación y de sostenimiento a utilizar. Así se podrán reducir los riesgos de encontrar condiciones desconocidas, demoras, fallos a raíz de errores de cálculo y posibles derrumbes.

PLANTEO GEOLÓGICO

El primer paso es analizar con el mayor nivel de detalle posible el terreno en el que se va a construir el túnel, tanto a nivel geológico como geotécnico. El estudio geológico implica saber qué tipo de materiales forman la superficie a intervenir y cómo están estructurados. El estudio geotécnico significa determinar cómo se van a comportar los materiales afectados por la excavación. Para ambos estudios se requieren trabajos de campo y de laboratorio. Estos trabajos incluyen cartografía geológica, sondeos mecánicos para reconocer la traza del túnel, ensayos para determinar la geofísica de la superficie y pruebas de laboratorio sobre muestras seleccionadas en el sitio de la obra. Con los resultados en mano, se realizan la interpretación y el análisis final para construir el modelo geológico y geotécnico del túnel.

MÉTODOS DE EXCAVACIÓN

El siguiente paso en la construcción de un túnel es la selección del proceso constructivo. Suena increíble que, en un mundo donde los avances tecnológicos parecen dominarlo todo, los métodos de construcción de túneles hayan variado muy poco en los últimos 200 años.

La técnica se mantiene desde la época de los primeros canales y la llegada del ferrocarril, aunque el agregado de elementos constructivos y herramientas cada vez más sofisticadas permitió que cada método haya alcanzado un alto grado de eficacia. Los métodos tradicionales de construcción se identifican por el país de origen: inglés, belga, alemán y austríaco. Algunos cuentan con actualizaciones puntuales y son muy empleados en entornos urbanos.

OBSTÁCULOS

Si bien existen numerosos factores que pueden complicar la ejecución del trazado de un túnel, dos elementos son los que realmente ponen en riesgo todo el proyecto: la presencia inesperada de agua o de gas. Encontrarse con flujos importantes de agua en el frente de un túnel puede provocar inestabilidad, colapsos y arrastres del terreno. Aquellos métodos de construcción tradicionales, cuando el personal accede directamente al frente del túnel, son los mejores para enfrentarse al problema del agua. En cambio, cuando se trabaja con grandes tuneladoras, la presencia de agua es un verdadero estorbo. Por eso siempre es aconsejable detectar y resolver el problema antes de que comiencen a ingresar al túnel grandes flujos hídricos.

En cuanto a la presencia de gases, inflamables o no, el mayor riesgo es que pueden poner en peligro las condiciones de salubridad o de seguridad dentro del túnel.

Durante la construcción de los túneles de Abdalajís, de más de 7.000 metros de longitud, en la línea de alta velocidad entre Córdoba y Málaga, España, se atravesaron complejas formaciones geológicas y la excavación se vio afectada por la presencia de un bolsón de gas metano que no había sido detectado en los análisis previos del proyecto. El mayor problema se presentó cuando la tuneladora, equipada con detectores de gas, se detuvo porque la concentración traspasó los límites prefijados. Todo se complicó aún más dado que el alto en el trabajo de la máquina se contradecía con las recomendaciones de excavación para un terreno arcilloso donde, precisamente, no había que detener la tuneladora para poder atravesar en el menor tiempo posible este tipo de formación.

EL MÉTODO INGLÉS

El método inglés recibe su nombre por haber sido aplicado en túneles excavados en suelos de arcilla y arenisca que usualmente se encuentran en Inglaterra. El proceso de excavación comienza, en su fase 1, con una galería central de sección pequeña. La excavación se entiba con puntales y tablones o con placas metálicas. Esta excavación se puede ampliar hacia los laterales en la fase 2. Posteriormente se excava en franjas horizontales en las fases 3 y 4. Una vez que se ha excavado la sección completa del túnel, se procede al revestimiento, comenzando por la solera o contrabóveda.

EL MÉTODO BELGA

Este método se caracteriza por la excavación progresiva, de manera de extraer los materiales más estables para evitar el hundimiento o una falta de estabilidad en el frente. Consiste en abrir una pequeña galería en la clave del túnel, inmediatamente por debajo de la bóveda, bien en el centro (fase 1), para ir ensanchándola poco a poco (fase 2), protegiendo y entibando el frente hasta permitir el hormigonado de toda la bóveda. Luego se procede a excavar en destroza, entibar y hormigonar los hastiales (fases 3 y 4) para, finalmente, excavar en destroza y hormigonar la solera (fase 5).

EL MÉTODO ALEMÁN

Este método se emplea cuando el terreno es muy malo y resulta peligroso descalzar parte de la bóveda para ejecutar las paredes o hastiales. Con este sistema se puede reaccionar con mayor rapidez en caso de aparecer agua mientras se trabaja. Se inicia la excavación con dos galerías de avance en las fases 1 y 2, se hormigonan los hastiales para después proceder a la excavación de las fases 3 y 4. Se procede al recubrimiento de la bóveda y, por último, se excava la parte central, fase 5, con el fin de facilitar la entibación y el apuntalamiento de la parte superior.

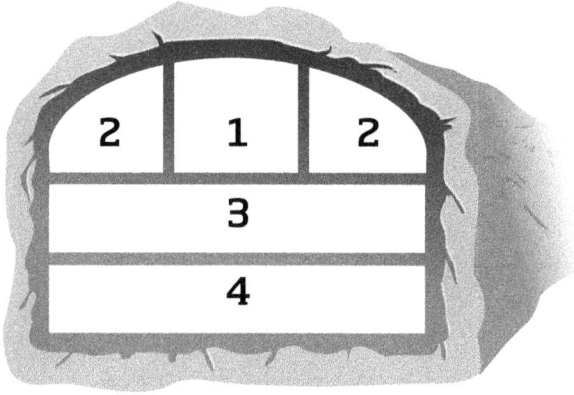

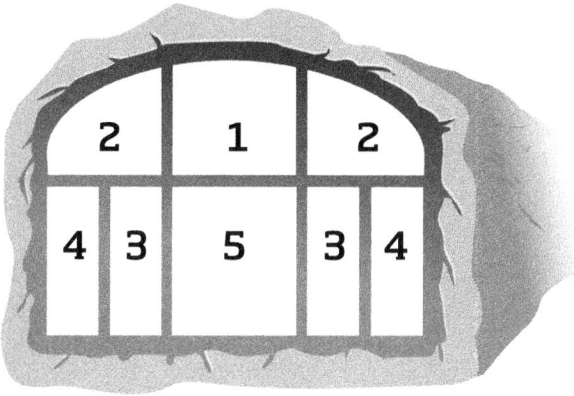

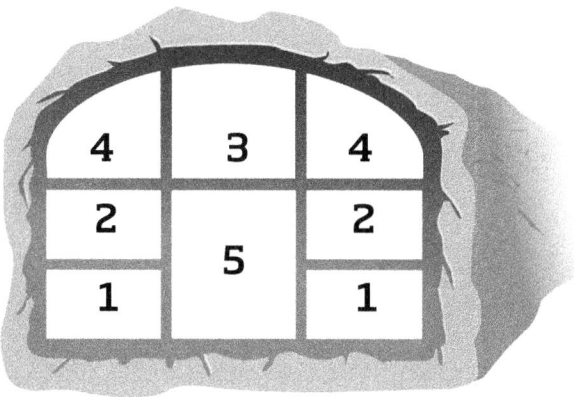

El sistema *bottom up* permite excavar desde la superficie, construir y luego cubrir.

EL MÉTODO AUSTRÍACO

El nuevo método austríaco fue desarrollado en la década de 1960. Es uno de los más utilizados para realizar excavaciones en suelos duros. Consta de dos fases: primero se realiza la excavación superior (avance) y después se retira el terreno que queda abajo hasta la cota del túnel (destroza).

La excavación es inmediatamente protegida con una delgada capa de hormigón proyectado. Esto crea un anillo de descarga natural que minimiza la deformación de la roca. Se trata de un método muy flexible, incluso en condiciones geomecánicas desconocidas para la consistencia de la roca durante el trabajo de construcción del túnel.

MÉTODOS SUPERFICIALES

Además de los métodos tradicionales, existen otros para la construcción de túneles que, por lo general, se emplean cuando el escenario para la excavación está en una zona densamente poblada.

44

Uno de los más conocidos es el método de falso túnel que se utilizó, por ejemplo, para realizar el metro de París. Este método, a su vez, se divide en dos sistemas. En el sistema *bottom up* se excava a cielo abierto la totalidad del hueco que ocupará el túnel y se construye en el interior. El túnel puede ser de hormigón fabricado en la obra, de hormigón pretensado, de arcos pretensados, de arcos con acero corrugado o también de ladrillos, como se solía utilizar al principio. Una vez finalizado el túnel, se cubre la construcción.

El sistema *top down* es uno de los más utilizados para la construcción de túneles en el interior de las ciudades. La técnica requiere poca maquinaria especializada. Desde la superficie se levantan las paredes del túnel cavando una zanja que se rellena de hormigón para formar muros. Cuando las paredes están terminadas, se construye la losa superior, apoyada en las paredes, excavando solo el hueco que esta ocupará. Una vez finalizada la construcción, comienza a quitarse, con retroexcavadoras, la tierra del interior del túnel.

Cuando se ha excavado hasta el nivel adecuado, se ejecuta la contrabóveda, que consiste, por lo general, en una losa de hormigón que hace las veces de suelo del túnel.

Otro ejemplo de construcción de túneles superficiales es el denominado *pipe jacking*, que consiste en empujar un tubo prefabricado mediante gatos hidráulicos haciendo que penetre en el terreno. Esta técnica se utiliza cuando por encima existen estructuras que no deben ser dañadas, como vías ferroviarias o carreteras.

SOSTENIMIENTO Y REVESTIMIENTO

Durante la construcción de un túnel, los trabajos de excavación producen movimientos de tierras hacia el interior debido a la alteración del estado tensional del frente de obra. El diseño de sostenimientos y revestimientos se realiza en función del método constructivo elegido para la ejecución del túnel y del grado de conocimiento que se tenga del suelo. El sostenimiento de tierra durante la construcción juega un papel esencial. Puede lograrse mediante una barrera física o actuando sobre las características del propio suelo.

Tras las operaciones de sostenimiento puede ser necesario un sostenimiento secundario y definitivo, llamado revestimiento, cuya misión puede ser estética, para evitar filtraciones, mejorar la ventilación o conseguir buena iluminación. Por lo general, el revestimiento se ejecuta con hormigón encofrado.

TABLAS, PUNTALES Y CERCHAS DE MADERA

Las tablas, los puntales y las cerchas o celosías se emplean como entibación provisional en los métodos tradicionales de excavación. Se trata de un sistema flexible y barato, en cuanto a materiales, pero que posee una alta demanda de mano de obra. El uso de estos sistemas permite excavar la sección por fases sin que se desprenda la bóveda del túnel hasta que esté finalizado, momento en el que se ejecuta el sostenimiento definitivo con hormigón encofrado.

El sistema de sostenimiento o entibación consiste en adosar tablas que transmiten la carga del terreno a unos elementos más rígidos llamados tresillones y que a su vez descansan sobre puntales, también de madera, cuya misión es apuntalar la estructura de sostenimiento. Los elementos que unen los distintos anillos se denominan longarinas, los cuales aportan rigidez al conjunto.

CERCHAS METÁLICAS

Cuando las secciones a sostener son mayores, se recurre a las cerchas metálicas. Estas son arcos de acero que, en unión con otros elementos, van apoyadas firmemente en el suelo del túnel y recogen los esfuerzos del terreno para resistir de forma conjunta. Para facilitar su colocación, se separan en varios segmentos que, una vez presentados en el interior del túnel, se unen. Por ejemplo, en los túneles grandes se dividen en tres arcos. Normalmente van separadas a distancias de entre 0,5 y 1,5 metros. También se suelen añadir barras de unión entre las cerchas para dotar de mayor rigidez a todo el conjunto.

BULONES Y ANCLAJES

El bulonado es uno de los sistemas más comunes de contención de terrenos en cualquier tipo de infraestructura. Los bulones son anclajes de barra que se alojan en el interior de un taladro perforado en la roca y que se adhieren a esta por diferentes sistemas. Trabajan de forma pasiva, por lo que entran en carga recién cuando se deforma el terreno. Tienen un efecto de cosido de juntas pero también de confinamiento sobre el macizo rocoso. La perforación para la colocación de bulones se inicia lo más pronto posible después de la excavación y luego de la proyección de una primera capa de hormigón. El bulonado del terreno se lleva a cabo con perforación mediante barrenas. Existen dos mecanismos de anclaje del terreno: puntual y repartido. El anclaje puntual fija el bulón mediante una cuña o cabeza de expansión. En el anclaje repartido se utilizan bulones mecánicos o químicos que pueden ser fijados por torsión del tubo, presión de aire o ajuste de barra (en el caso mecánico), o bien por inyección de cemento o resina (en el caso químico).

Con el hormigón proyectado se consiguen resistencias iniciales muy altas, ya que este sella rápidamente la superficie del túnel y evita la alteración y la descompresión del terreno.

HORMIGÓN PROYECTADO

El hormigón proyectado, también llamado gunita, se diferencia del hormigón colocado en el sistema de puesta en obra, ya que el tamaño máximo del árido y los acelerantes que posee hacen que consiga resistencias iniciales muy altas. La gunita sella rápidamente la superficie y evita la alteración y la descompresión, de modo que se forma un anillo de hormigón que trabaja para evitar el cierre y, a su vez, sujeta las cuñas. Existen dos procedimientos para la colocación del hormigón proyectado: por vía seca o por vía húmeda. En el primer caso, el agua se añade a la mezcla de áridos y cemento en la boquilla de la manguera. El hormigón proyectado por vía húmeda proviene de la central cercana a la obra, se vierte en una tolva y se bombea hasta la boquilla de la manguera.

ANILLO DE DOVELAS

Cuando la excavación se realiza con máquinas tuneladoras de escudo, el sostenimiento está formado por un anillo de dovelas. Se trata de piezas que fueron previamente preparadas a medida en otro sector de la obra (en el exterior) y que son colocadas con precisión milimétrica. Un mecanismo hidráulico o mecánico, llamado erector, las une y encaja unas con otras. La precisión en la colocación de estas piezas permite, además, que en el trazado haya curvas, siempre que sean de radio elevado, y que estas puedan seguirse con esa misma precisión sin problemas.

Existe una amplia variedad de dovelas en cuanto a geometría, tipo de juntas, conexiones, etcétera. Las más conocidas son las de planta rectangular y clave trapezoidal.

Tanto las dovelas de un mismo anillo como los anillos entre sí se ensamblan mediante tornillos. Las juntas, radiales o circunferenciales, suelen ser lisas con unos rebajes en los que se alojan bandas de neopreno para impermeabilización. El encaje de las bandas de impermeabilización en los rebajes se hace normalmente a presión o mediante el empleo de resinas.

En este caso, el propio sistema constructivo permite que el sostenimiento con anillos de dovelas sea el revestimiento definitivo.

Existe una amplia variedad de dovelas
en cuanto a geometría, tipo de juntas,
conexiones, etcétera.

LA INGENIERÍA DE TÚNELES EN EL SIGLO XXI

La ingeniería de túneles progresó de forma muy significativa durante el siglo XX
y en las primeras dos décadas del siglo XXI. Son varios los factores que
contribuyeron:

En relación con la excavación, se mejoraron las técnicas de voladura, tanto en la
fase de barrenado como en los tipos de explosivos; así como la introducción de
nuevos equipamientos y maquinaria, como las máquinas TBM y sus escudos, las
rozadoras o las tuneladoras de ataque puntual.

En cuanto al sostenimiento, se mejoraron los materiales de revestimiento,
principalmente el hormigón y el acero moldeado; se mejoró el trabajo
en el terreno mediante inyecciones a presión, así como se perfeccionó el
funcionamiento de máquinas tuneladoras de sección completa.

También se lograron notables cambios en los sistemas de ventilación e
iluminación, un control más eficaz del avance del agua subterránea mediante
equipos de bombeo o a través de sobrepresión ambiental. Por último, se
perfeccionaron los métodos de diseño y construcción, entre los que se destaca el
nuevo método austríaco de construcción de túneles.

49

TOPOS MECÁNICOS

La lista de herramientas necesarias para la construcción de túneles incluye simples martillos neumáticos o hidráulicos, explosivos con detonación controlada, rozadoras de precisión y las auténticas estrellas de cada megaperforación: inmensas y complejas máquinas tuneladoras que se fabrican exclusivamente para hacer un único trabajo. Desde los primeros martillos neumáticos y los vehículos especialmente diseñados para la colocación de explosivos hasta las grandes estructuras capaces de realizar todo el trabajo en una sola pasada, la evolución de las herramientas aplicadas a la ingeniería de túneles ha sido constante: máquinas tuneladoras, *jumbos* de perforación y rozadoras de precisión son protagonistas a la hora de horadar el suelo.

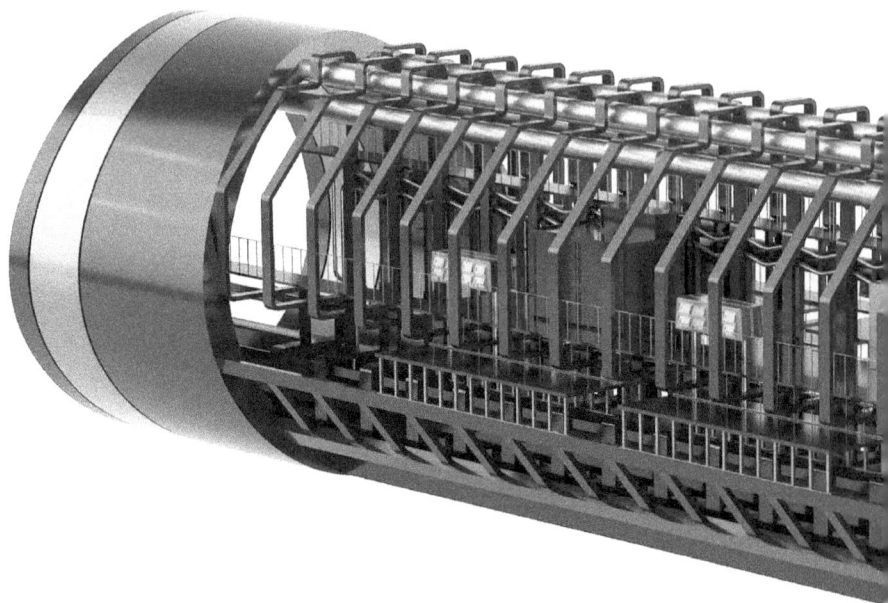

Diseño de una tuneladora moderna.

LAS TUNELADORAS

La evolución tecnológica de las tuneladoras, que se aceleró a fines del siglo XIX y despegó definitivamente en la primera mitad del siglo XX, influyó para la realización de grandes obras de ingeniería que facilitaron las comunicaciones terrestres en todos los rincones del mundo.

Lo más importante a la hora de trabajar con una tuneladora es utilizar la máquina adecuada. Por lo general, la encarga el equipo a sus constructores con las dimensiones y características específicas para el proyecto a realizar. Entonces, el primer paso es determinar en qué tipo de terreno se debe trabajar. No es igual una tuneladora para excavar en una roca dura y con amplia resistencia, que una para desplazarse por un entorno de suelos permeables, donde la excavación será más dificultosa. De la misma manera, no todos los trabajos son aptos para ser realizados con tuneladoras. Una vez encargado el equipo, su construcción demanda entre 12 y 15 meses.

Para túneles superiores a los 4.500 metros y de sección constante, las tuneladoras son la opción más conveniente. El diámetro a excavar no debe ser nunca inferior a los 5 metros y, en cuanto a la pendiente, las modernas máquinas pueden perforar sin problemas con inclinaciones de hasta un 20%, siempre que sea en sentido ascendente. En cuanto a los suelos capaces de excavar, son máquinas aptas tanto para rocas sedimentarias, metamórficas y volcánicas como para estratos de arenas, gravas, arcillas u otros materiales.

RENDIMIENTO VERSUS RENTABILIDAD

El sistema para mover el tablero tenía como eje central unos receptáculos llenos de aceite sometidos a una gran presión (4.535 kg de fuerza). Un motor proporcionaba energía mecánica e impulsaba un juego de pistones a cientos de ciclos por minuto. Esto incrementaba la presión en un gran cilindro y daba lugar a la energía necesaria para desplazar el tablero. La ligereza del acero contribuyó a lograr esta proeza.

Lo más importante a la hora de trabajar con una tuneladora es dar con la máquina adecuada.

Cuando las excavaciones se realizan por debajo de una ciudad, su labor es sumamente delicada. No es raro que tengan que horadar bajo los cimientos de edificios de gran valor histórico o de estructuras especialmente sensibles. En estos casos, cambiar la trayectoria del túnel no siempre es posible, de manera que se trabaja reforzando los cimientos de las estructuras para evitar problemas. Normalmente se realiza un monitoreo (incluye cientos de puntos) para asegurarse de que no existan obstáculos. Por eso, la velocidad de avance en la perforación depende del entorno y de lo que se encuentre por encima. Finalmente, pese a excavar como si fuesen auténticos topos, casi siempre "a ciegas", lo hacen con una precisión milimétrica para finalizar su trabajo en el punto de destino.

¿CÓMO TRABAJAN LAS TUNELADORAS?

A grandes rasgos, las tareas de excavación y construcción requieren varias fases y siempre dependen del suelo y sus características. En suelos blandos, las tuneladoras primero horadan la tierra y luego utilizan el mismo material para soportar temporalmente el frente de excavación. El resto se retira hacia el exterior mediante un tornillo de Arquímedes o en cintas transportadoras. La excavación se realiza por medio de una cabeza giratoria accionada por motores hidráulicos, alimentados, a su vez, por motores eléctricos. Esta cabeza giratoria suele estar equipada con picas, rastreles o *rippers* (elementos que arrancan los suelos) y cortadores, que rompen la roca. También dispone de una serie de aperturas, frecuentemente regulables, por donde el material arrancado pasa a una cámara situada tras la rueda de corte, desde donde se transporta posteriormente hacia el exterior de la máquina. Detrás de esta cámara se alojan los motores y el puesto de mando, espacios completamente protegidos por una carcasa metálica.

El empuje necesario para hacer avanzar la tuneladora se consigue mediante un sistema de gatos perimetrales que se apoyan en el último anillo de sostenimiento colocado o en zapatas móviles (denominadas *grippers*), accionados también por gatos que las empujan contra la pared del túnel.

A JULIO VERNE NO SE LE OCURRIÓ

Julio Verne (1828-1905) fue un escritor francés que, en la segunda mitad del siglo XIX, imaginó máquinas asombrosas e ingeniosos artefactos que se anticiparon a su tiempo. Sus inventos literarios increíblemente llegaron a convertirse en realidad.

Verne nos presentó el batiscafo *Nautilus* en el libro *20.000 leguas de viaje submarino*, el helicóptero *Albatros en Robur el Conquistador* y la cápsula espacial en *De la Tierra a la Luna*. Sin habérselo propuesto, los submarinos atómicos, los aviones de pasajeros y las naves Apolo le dieron la razón a tan prolífica imaginación.

Desafortunadamente, su inventiva falló al concebir un vehículo que transportara de manera segura al mineralogista alemán Otto Lidenbrock y a su sobrino Axel mientras se abrían camino a fantásticos mundos a través de las capas inferiores de la corteza terrestre en *Viaje al centro de la Tierra*. Hubiera sido sencillo para Verne idear un gigantesco vehículo cilíndrico equipado con una cabeza giratoria que perforase el suelo en un movimiento continuo y así transportar a los expedicionarios hacia las entrañas del mundo. Pero, lamentablemente, las tuneladoras no estaban en los planes del genio francés.

57

Detrás de los equipos de excavación y avance se sitúa el denominado "equipo trasero", constituido por una serie de plataformas arrastradas por la máquina que ruedan sobre rieles que la propia tuneladora va colocando. En estas plataformas se alojan todos los equipos transformadores, de ventilación, depósitos de dovelas y el sistema de evacuación del material excavado.

Al finalizar un pase de avance, la máquina se detiene y construye el anillo de la estructura del túnel que lo mantiene firme. En algunos casos, utiliza grandes bloques prefabricados de hormigón armado, llamados dovelas.

Las tuneladoras trabajan sin descanso las 24 horas, y se detienen solo para labores previstas de mantenimiento. En las estructuras más grandes, los equipos de operarios trabajan en turnos de 12 horas para asegurarse de que todo funcione perfectamente.

Esquema de trabajo de una tuneladora.

UNA MÁQUINA PARA CADA NECESIDAD

Las máquinas tuneladoras o TBM (en inglés, Tunnel Boring Machine) son equipos integrales de construcción capaces de excavar roca o suelos, retirar el escombro y aplicar el revestimiento del túnel. Las máquinas avanzan mientras van dejando trás de sí el túnel terminado con un rendimiento que depende de las características del terreno. Existen diferentes tipos, con variadas configuraciones y aptas para labores que, en muchos casos, difieren entre sí.

TUNELADORA ABIERTA
Se trata de una máquina cuyo avance progresa al excavar la roca del frente por medio de las herramientas de corte mecánico.

58

EL MACHINE

Cuando culmina un ciclo de avance, se necesita reposicionar los *grippers*. Una vez anclados en su nuevo emplazamiento, se libera el apoyo trasero y se inicia un nuevo ciclo.

TUNELADORA DE ESCUDO SIMPLE
Consta de una cabeza de corte giratoria de forma circular donde van alojados los discos cortadores. Detrás de la cabeza se encuentra un sistema formado por gatos que ejercen la presión necesaria para realizar con éxito la excavación de la roca. El escombro se carga automáticamente en el frente y se conduce hacia atrás mediante cintas transportadoras.

La cabeza giratoria de la tuneladora está equipada con elementos que arrancan los suelos, y cortadores que rompen la roca.

TUNELADORA DE DOBLE ESCUDO

Es similar a la TBM de escudo simple, pero con doble escudo que le permite realizar dos operaciones simultáneas: excavar haciendo avanzar la cabeza cortadora y, al mismo tiempo, por detrás, instalar las dovelas correspondientes del recubrimiento primario. Si el terreno está muy fracturado o débil, la máquina se puede impulsar ayudándose con el mismo recubrimiento primario de dovelas.

TUNELADORA PARA SUELO BLANDO

En este caso, el escudo progresa de forma similar a las tuneladoras de roca dura, pero al desplazarse por una superficie poco apta para aplicar sus *grippers*, dispone de una coraza de acero laminar cuya misión es el sostenimiento del terreno en la zona ya excavada que todavía ocupa la máquina.

62 OTRAS HERRAMIENTAS

Así como existen diferentes métodos para la excavación de túneles, los implementos mecanizados para llevar a cabo la obra de ingeniería también son variados. En algunos casos, comparten funciones en la realización de un mismo trabajo, y en otros, cada uno es una pieza indispensable para cumplir con cada cometido.

ROZADORAS

También conocidas como "minadores puntuales", las rozadoras son máquinas que excavan mediante una cabeza giratoria, provista de herramientas de corte. Sus dientes, montados en un brazo monobloque o articulado, inciden sobre la roca. Todo el conjunto funciona sobre un chasis móvil equipado con orugas para su desplazamiento.

Existen dos sistemas distintos de corte: el *milling*, de cabezal radial, y el *ripping*, de cabezal frontal. En el primer caso, la cabeza gira en torno a un eje longitudinal, paralelo al eje del túnel. Las picas van dispuestas de forma helicoidal y golpean la roca lateralmente. En el *ripping*, la cabeza gira en torno a un eje perpendicular al eje del túnel; se trata, en realidad, de dos cabezas simétricas donde las picas golpean frontalmente la roca.

NOMBRES Y RECUERDOS

El mundo de las tuneladoras tiene algunas tradiciones. Los nombres de las máquinas se eligen por concurso popular o por decisión de los ingenieros y promotores del proyecto. En 2017, la tuneladora Bertha salió a la luz luego de excavar, durante cuatro años, un túnel carretero de tres kilómetros por debajo del casco urbano de Seattle, Estados Unidos.

Bertha tenía una cabeza de 18 metros de altura, la más grande del mundo en su momento, y un largo de 112 metros. Fue bautizada en honor de Bertha Knight Landes (1868-1943), alcaldesa de Seattle entre 1926 a 1928.

Otra tuneladora, Beck o Big Becky, que ostentaba el título de la mayor tuneladora antes de la llegada de Bertha, tomó su nombre de Sir Adam Beck (1857-1925), un político canadiense que promovió el uso de la energía hidroeléctrica obtenida de las Cataratas del Niágara.

Las máquinas que realizaron una obra de *by pass* en la autopista M-30 de Madrid, España, también fueron las más grandes en su momento y tomaron nombres femeninos extraídos de la literatura: Tizona (por la espada del Cid Campeador) y Dulcinea (la amante imaginaria del Quijote de la Mancha).

En Londres, los nombres elegidos para sus tuneladoras son temáticos, todos femeninos y tomados de personajes históricos que van desde reinas hasta matemáticas, pintoras y atletas. La mayoría de las veces, cuando se termina el túnel, las máquinas se desmontan pieza a pieza y se llevan a una fundición para reciclarlas. El resto, debido a su gran tamaño y peso, es conveniente dejarlo allí donde termina la excavación porque su traslado no vale la pena. Precisamente en Londres, varias tuneladoras que sirvieron para ampliar las redes del metro se desmantelaron en inmediaciones de una estación y sus cabezales quedaron enterrados a 30 metros de profundidad, recubiertos de hormigón. Junto a ellas se colocó una cápsula del tiempo con diversos objetos de la época actual para que sean redescubiertos por futuras generaciones.

63

A igualdad de potencia de la cabeza de corte y para una roca de dureza determinada, el rendimiento de excavación de las rozadoras con cabezal frontal es el 30% superior al de las rozadoras con cabezal radial. Se emplea una u otra en función de las condiciones geológicas y geotécnicas del material.

Generalmente se usan picas delgadas y estrechas para suelos y rocas blandas, y picas gruesas fusiformes para las rocas más duras. Las rozadoras se clasifican por su peso, dado que la fuerza que ejerce la cabeza contra la roca es contrarrestada únicamente por el peso de la máquina. De este modo, a mayor peso, mayor será la capacidad de la rozadora para excavar rocas más resistentes, y, por lo tanto, irá dotada de mayor potencia de corte.

El *jumbo* consta de un chasis móvil con brazos articulados con martillos de perforación.

Las rozadoras se clasifican por su peso y están equipadas con orugas para sus desplazamientos.

Con una rozadora, las secciones de excavación grandes pueden subdividirse y excavarse en fases sucesivas. De la misma manera, su trabajo permite un perfilado de la sección prácticamente sin sobre-excavación, por lo que se trabaja con un frente limpio y accesible. Pueden ser utilizadas para arrancar trozos de superficie de resistencia blanda o media y en obras donde las longitudes de excavación son pequeñas (menores a 2 kilómetros). También son aptas para terrenos formados por rocas medias o duras, pero cuando existen restricciones ambientales que no permiten la perforación mediante voladura. En la mayoría de los casos, cuentan con sistemas de recogida y transporte de escombros.

JUMBOS

Reconocido como una máquina habitual de perforación, el *jumbo* consta de un chasis móvil dotado de dos o más brazos articulados. En cada brazo puede montarse un martillo de perforación o una cesta donde se alojan uno o dos operarios. Los *jumbos* funcionan con energía eléctrica cuando están en situación de trabajo, pero también disponen de un motor diésel para su desplazamiento. Los martillos funcionan por rotopercusión, es decir que la barrena gira continuamente ejerciendo simultáneamente un impacto sobre el fondo del taladro. El accionamiento es hidráulico, para conseguir potencias más elevadas que con el sistema neumático. La refrigeración se realiza con agua. Los *jumbos* modernos tienen sistemas electrónicos para controlar la dirección de los taladros, el impacto y la velocidad de rotación de los martillos e incluso pueden memorizar el esquema de tiro y perforar todos los taladros de manera automática y simultánea. La cantidad y la dimensión de los brazos dependen del avance requerido y de la sección del túnel.

MARTILLOS MANUALES

Los martillos manuales de aire comprimido funcionan por percusión. La barrena golpea contra la roca y gira de forma discontinua entre cada percusión, de modo que se separa del fondo del taladro. El detrito generado por la roca triturada es arrastrado hasta el exterior del taladro mediante agua, líquido que tiene también la finalidad de refrigerar la barrena.

TRES GRANDES TÚNELES

El avance de la ingeniería en túneles facilitó las vías de comunicación entre lugares que hubieran sido impensables. Los túneles permiten atravesar montañas, cruzar estrechos marinos o hallar un camino seguro pese a construirse en las profundidades de la tierra. Son, en definitiva, claves para mejorar las comunicaciones terrestres. De esta manera, las distancias se recorren en menos tiempo y el transporte de mercancías resulta más sencillo. A continuación veremos cómo y por qué surgieron algunas de las más impresionantes obras de la ingeniería subterránea. Cada una, en su momento, recibió el título de "el túnel más largo del mundo" antes de ser desplazado por un nuevo emprendimiento. Conozcamos en detalle el eurotúnel, el túnel ferroviario de Seikan y el túnel de base de Lötschberg.

El eurotúnel es una muestra del
acuerdo que pueden lograr dos países
para crear grandes obras de ingeniería.

EL EUROTÚNEL

El eurotúnel o túnel del Canal de la Mancha es una de las grandes
obras de ingeniería de finales del siglo xx que conecta Inglaterra
con Francia mediante transporte ferroviario y vehicular.

El Canal de la Mancha fue considerado un símbolo de la separación entre el continente europeo y las islas británicas: 34 kilómetros de agua entre las costas francesa e inglesa resultaron desde
siempre un problema para el comercio entre ambos países.

Pese a tratarse de una maravilla de la ingeniería actual, no
resultó una idea revolucionaria cuando se planificó su construcción por primera vez. En 1802, el ingeniero francés Albert Mathieu-
Favier propuso un túnel debajo del Canal de la Mancha. Sus planes
incluían una isla artificial en medio del canal donde los carros tira-
dos por caballos pudieran hacer paradas de mantenimiento. Una
idea similar también fue aprobada por Napoleón Bonaparte (1769-
1821) mientras ideaba una posible invasión a las islas.

Recién el 29 de julio de 1987 se firmó un acuerdo entre el
presidente francés François Mitterrand (1916-1996) y la primera
ministra británica Margaret Thatcher (1925-2013) mediante el
que se autorizó la construcción de esta megaobra de ingeniería.
Los trabajos se iniciaron en diciembre de ese mismo año, con un
presupuesto de 4.500 millones de euros.

La obra submarina más grande del mundo consta de dos túneles ferroviarios principales (cada uno de 7,6 metros de diámetro),
un túnel central más pequeño para la circulación de vehículos (de
4,8 metros) y 245 pasarelas de conexión. Dentro de la infraestructura también existen cruces donde los trenes pueden cambiar de
un túnel a otro; esto permite el cumplimiento de las operaciones
de mantenimiento. Su realización requirió la excavación de un
total de 153 kilómetros y la utilización de un millón de toneladas de hormigón. En la construcción intervinieron 12 máquinas

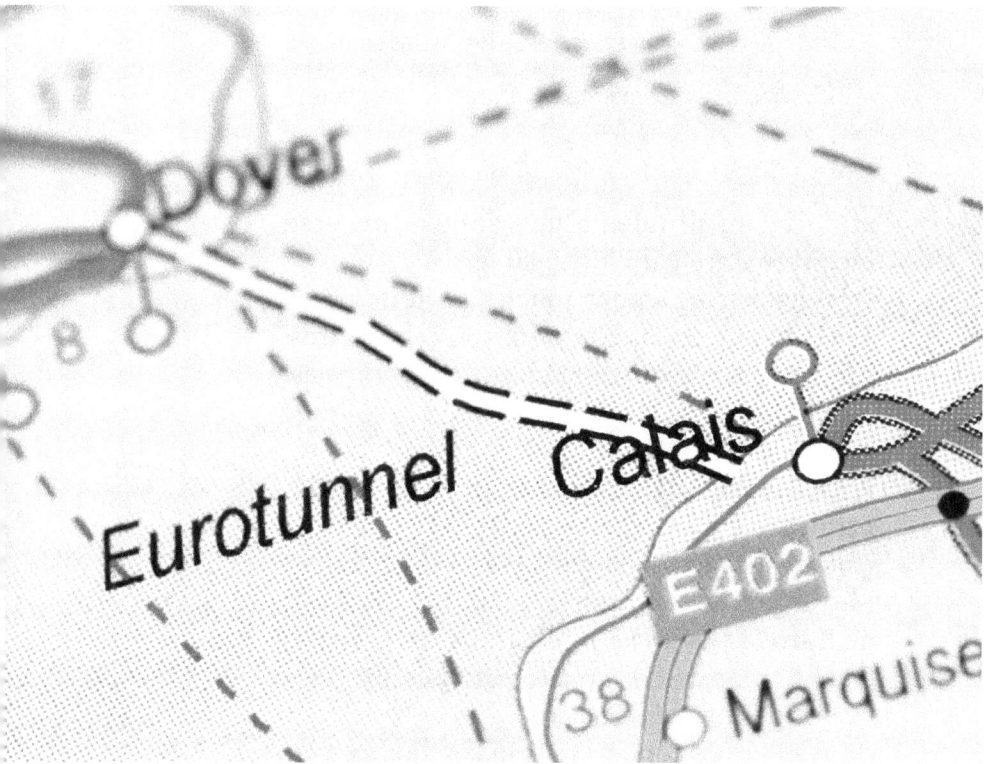

tuneladoras de 200 metros de largo capaces de penetrar a su paso distintos tipos de terreno. Las máquinas fueron fabricadas en ambos países, con un costo de 15 millones de euros cada una.

El procedimiento de excavación de los túneles consistió en avanzar desde los dos extremos a la vez, con el objetivo de culminar en el medio. La excavación desde cada país tenía que ser precisa, para no distanciarse más de 2,5 metros en el momento de encontrarse.

Las tuneladoras avanzaron a un promedio de hasta 75 metros diarios, excavando 36.000 toneladas de roca. Todo parecía marchar bien para los 4.000 operarios franceses y otros 4.000 trabajadores británicos que intervinieron en la obra, hasta que en marzo de 1988 surgió un imprevisto que retrasó la obra: apareció agua en el lado británico. A pesar de los estudios geológicos previos, las capas que se situaban por debajo del lecho marino tenían poros por donde comenzó a filtrar agua marina. En algunos sitios del túnel, las fugas expulsaban hasta 300 litros por

El eurotúnel posee una longitud de 50,5 kilómetros, 39 de los cuales están por debajo del lecho marino. Se trata de uno de los túneles submarinos más grandes del planeta.

74

minuto, un problema que supuso un gran inconveniente para los ingenieros.

Finalmente, ambos túneles se juntaron en 1991, con un desfase de apenas 35 centímetros. ¡Un verdadero éxito de la ingeniería de túneles!

La inauguración oficial se produjo el 6 de mayo de 1994, un año después de lo previsto, debido a las demoras en el acondicionamiento del interior. A partir del corte de la cinta realizado por la reina Isabel II y François Mitterrand, el eurotúnel cambió la geografía de Europa y ayudó a reforzar los ferrocarriles de alta velocidad como alternativa frente a los vuelos de corta distancia.

A pesar de contar tan solo con dos carriles para el tránsito por carretera, uno de ida y otro de vuelta, por el eurotúnel transita una gran cantidad de pasajeros año tras año. En 1994, año de su inauguración, fue atravesado por casi 7.000 personas, mientras que los registros actuales indican un promedio anual de casi 20.000 viajeros. Los autobuses y los camiones también pueden transitar en ambos sentidos sin necesidad de utilizar un *ferry* para cruzar el Canal de la Mancha.

El tren, además de unir Francia con Inglaterra, permite la circulación hacia otros países, como Bélgica. El recorrido de Londres hasta Bruselas dura tan solo 1 hora y 57 minutos, mientras que el de Londres a París dura unas 2 horas y 20 minutos, ambos en el tren de alta velocidad para pasajeros de la línea Eurostar.

EL TÚNEL FERROVIARIO DE SEIKAN

Una tragedia marítima como el hundimiento de cinco transbordadores en el estrecho de Tsugaru, Japón, fue el detonante para que el gobierno japonés se embarcara en el proyecto de realizar una conexión segura que uniera las islas de Hokkaido y Honshu.

En 1954, un tifón de grandes magnitudes produjo la muerte de 1.430 personas mientras navegaban las aguas que conectan el Mar del Japón con el océano Pacífico. En respuesta a la indignación de la opinión pública, y a raíz de un fuerte incremento de viajes entre las islas, la administración local buscó un modo más seguro de cruzar este peligroso estrecho.

Debido a la dificultad de predecir las condiciones meteorológicas, los ingenieros llegaron a la conclusión de que construir un puente resultaba demasiado arriesgado, por lo que inclinarse por un túnel pareció la solución ideal.

Luego de 10 años de planificación, se empezó a trabajar en lo que sería la excavación subacuática más larga, difícil y jamás intentada. Los ingenieros no podían utilizar tuneladoras para excavar el túnel de Seikan porque la roca y el suelo del estrecho cambiaban de manera impredecible. Fue así como, con grandes dificultades, se perforaron y volaron 53 kilómetros de una zona de gran actividad sísmica con el objetivo de conectar Honshu, la isla principal de Japón, con la isla septentrional de Hokkaido. El túnel fue excavado a 100 metros por debajo del lecho marino y situado 240 metros por debajo del nivel del mar.

La inauguración oficial del túnel se produjo el 13 de marzo 1988, luego de 25 años de trabajo para una obra muy compleja, de difícil ejecución y que les costó la vida a 34 operarios. Con 53,9 kilómetros de largo, fue el túnel subterráneo más largo del planeta hasta la inauguración del túnel de base de San Gotardo. Algo menos de la mitad del túnel (23,3 kilómetros) discurre propiamente bajo las aguas, en un trazado férreo que explota la compañía Japan Railways Kaikyo Line, con dos estaciones subterráneas para el acceso de pasajeros: las de Tappi-Kaitei y Yoshioka-Kaitei (allí existen sendos museos donde se explica la historia y el funcionamiento del túnel). Las estaciones sirven también

Moneda de 500 yenes
acuñada en 1988 para
conmemorar la apertura
del túnel de Seikan.

como vías de escape en caso de que un incendio u otro imprevisto ponga en riesgo vidas humanas.

Una vez que el túnel fue completado, todo el transporte ferroviario entre Honshu y Hokkaido utilizó esta vía. Sin embargo,
el 90% del transporte de pasajeros entre ambas ciudades sigue
siendo aéreo. Para incentivar el uso del tren, el proyecto original del túnel fue concebido en tres plantas. La idea es incorpo-
rar en el futuro el paso del Shinkansen, el tren bala japonés.
Desafortunadamente, hacer pasar el Shinkansen por el nuevo
túnel resulta todavía demasiado caro. El nuevo tendido requiere
rieles duales que harán posible la circulación del Shinkansen, por
lo que se estima una apertura de la línea rápida recién para 2031.
De todas maneras, y pese a su uso limitado, el túnel Seikan sigue
siendo una de las grandes proezas de la ingeniería del siglo xx.

EL TÚNEL DE BASE DE LÖTSCHBERG

Más allá de su imponencia, la cadena montañosa de los Alpes, situada en el corazón de Europa, resultó un gigantesco obstáculo para el libre transporte entre los países del centro del continente.

El viaje en ferrocarril desde Zúrich (Suiza) hasta Milán (Italia) nunca tuvo una duración inferior a las 4 horas y media. El sueño de estas dos naciones fue siempre reducir los tiempos de traslado. Para lograrlo, debieron recurrir a una auténtica hazaña: construir los túneles ferroviarios más largos del mundo. Las administraciones de ambos países decidieron perforar las entrañas del macizo rocoso para mejorar la circulación y el tráfico en la zona central de Europa. Se embarcaron, entonces, en la reedición de la épica construcción de dos de los túneles más importantes de esta vía para reemplazarlos: el túnel de Lötschberg y el de San Gotardo.

El primer túnel de Lötschberg, inaugurado en 1913, perforaba las laderas alpinas a lo largo de 14,5 kilómetros. Su par, el túnel de San Gotardo original, como desarrollaremos más adelante, comenzó a construirse en 1871 y demandó 10 años de trabajos para perforar la montaña en un trayecto de 15 kilómetros.

EL PROYECTO NRLA

El proyecto Nuevo Enlace Ferroviario a través de los Alpes (NRLA, por las siglas en inglés de New Railway Link through the Alps) es una pieza clave de la red europea de ferrocarriles para disponer de un enlace ferroviario rápido a través del macizo montañoso mediante la construcción de túneles de base por debajo de los túneles originales. El compromiso federal suizo consta de dos secciones principales: el eje Lötschberg, al oeste, y el eje San Gotardo, al este.

El eje Lötschberg incluye el nuevo túnel de base Lötschberg que reemplaza al viejo túnel de 1913, ubicado unos 400 metros más arriba. Por razones de seguridad, el proyecto original requería que todos los túneles tuvieran dos tubos paralelos de una sola vía, conectados mediante túneles transversales menores cada 300 metros, con el fin de permitir la evacuación desde un túnel hacia otro en caso de emergencia. Pero, en una primera etapa, solo

se completó el túnel Este, y del túnel Oeste se realizaron únicamente dos terceras partes. Por eso, el túnel Oeste es utilizado solo
en su parte sur. Desde allí, las dos vías se unen y continúan por el
túnel Este durante 22 kilómetros. El segundo tercio (el tramo central) no posee vías y tiene como función la eventual evacuación del
túnel. Finalmente, ante la inexistencia del tercio norte del túnel
Oeste, se han adaptado túneles de exploración para ser utilizados
en caso de evacuaciones del tercio norte del túnel Este.

El nuevo túnel de base de Lötschberg fue abierto al tráfico
de mercancías en junio de 2007 y para el flujo de pasajeros en
diciembre del mismo año, de modo que se convirtió en la primera
infraestructura del proyecto NRLA finalizada. En el momento de
su inauguración, fue el túnel ferroviario terrestre más largo del
mundo, récord que ostentó hasta la habilitación y entrada en servicio del túnel de base de San Gotardo, inaugurado en 2016.

A los pocos meses de su entrada en funcionamiento, la línea
del túnel alcanzó el límite de circulaciones diarias: unos 50 trenes
de pasajeros y unos 70 trenes de mercancías (vale aclarar que otros
80 trenes, de pasajeros y mercancías, siguen circulando por la antigua línea del túnel de Lötschberg). La velocidad máxima para los
trenes de pasajeros en el túnel de base es de 250 kilómetros por
hora, la más alta en Suiza. Sin embargo, para no perder capacidad
de tráfico, los trenes de pasajeros circulan solo a 200 kilómetros por
hora, y pueden realizar el cambio de vía a 180 kilómetros por hora.

EL TÚNEL DE BASE DE SAN GOTARDO

En tiempos recientes, la apertura de las fronteras europeas, en consonancia con una economía dinámica y floreciente, tuvo un fuerte efecto sobre el intercambio comercial y el transporte de bienes a través de los Alpes. En Suiza, el tráfico internacional, realizado mayoritariamente por carretera, fue creciendo más rápido que el doméstico. Mientras que el volumen de transporte por tren se mantuvo constante, el de carga por camiones se fue duplicando cada 8 años. Cerca de 1,2 millones de camiones de carga cruzan los Alpes suizos cada año, lo que genera, además de una incontrolable contaminación atmosférica y acústica, una interminable fila de vehículos en la carretera.

A raíz de esta situación, Suiza comenzó en 1998 a expandir y modernizar su red ferroviaria, con miras a lograr cuatro objetivos estratégicos: ser un centro de negocios cada vez más atractivo, mejorar el desempeño medioambiental del transporte, asegurar la financiación del transporte público a través de una demanda creciente por sus servicios e integrar su infraestructura ferroviaria al sistema europeo.

Sello postal en conmemoración de
un aniversario de la inauguración del
primer túnel de San Gotardo.

EL MACIZO DE SAN GOTARDO

El macizo de San Gotardo fue durante siglos atravesado por una ruta en la altura alpina y, desde fines del siglo XIX, recorrido en tren por su interior, a través de un túnel de 15 kilómetros de longitud.

La existencia de esta primera conexión se remonta a 1871, cuando un comerciante suizo decidió emprender la arriesgada tarea de conectar el norte y el sur de Suiza con un túnel ferroviario bajo los Alpes. La construcción duró diez años y se enfrentó a complejos retos técnicos y financieros. Se realizó empleando dinamita, y las labores les costaron la vida a casi dos centenares de obreros. Pero finalmente se completó.

En 1882, la primera locomotora a vapor atravesó el precario túnel. Luego, hubo que esperar hasta 1920 para que los primeros trenes eléctricos comenzaran a circular. Este antiguo túnel de San Gotardo aún es accesible y siguió utilizándose por los ferrocarriles suizos, aunque los 15 kilómetros de recorrido fueron sometidos a diversas mejoras y mantenimiento a lo largo de sus años de existencia.

La otra conexión vial por debajo del macizo de San Gotardo es el túnel carretero, inaugurado en 1980. En su momento, fue uno de los pasos más importantes de los Alpes que, con sus 17 kilómetros, ostentó el récord de ser el más largo del mundo. Antes de su creación, el paso de San Gotardo solo podía atravesarse por carretera durante el verano, utilizando una compleja pero maravillosa ruta que alcanza los 1.000 metros de altura. Ese mismo camino se utilizó durante los primeros 6 siglos de existencia del paso. Se trata de un sendero que sirvió históricamente a miles de expediciones para sortear las cumbres de los Alpes.

Escenario de toda clase de epopeyas y leyendas, el antiguo paso de alta montaña sigue siendo tan misterioso como inaccesible. Dedicado desde un principio a San Gotardo, protector de los enfermos de gota, el paso sirvió como camino de pastores y ganaderos

hasta que, a mediados del siglo xix, fue cruzado por primera vez por un carro. Desde siempre, mantuvo una aureola mística y de leyenda representada de forma puntual en el Puente del Diablo, una estructura diseñada para sortear las fuertes aguas del río Reuss en su nacimiento. Las particularidades naturales y mitológicas del Puente del Diablo inspiraron a pintores románticos como William Turner (1775-1851), uno de los más importantes artistas británicos de todos los tiempos, quien le dedicó un cuadro donde el puente aparece envuelto en la bruma de las leyendas populares y representado con un dramatismo que solamente la escuela pictórica del romanticismo fue capaz de desplegar.

EL NUEVO TÚNEL DE SAN GOTARDO

Como parte del proyecto NRLA, Suiza pasó a disponer de un enlace ferroviario de alta velocidad a través de los Alpes para integrarse a la red europea de ferrocarriles. El proyecto contempló la construcción de túneles de base por debajo de las conexiones ya existentes en dos secciones: el eje Oriental o de San Gotardo y el eje Occidental o de Lötschberg.

El túnel carretero de San Gotardo, inaugurado en 1980.

El eje de San Gotardo está compuesto por tres túneles de base: el de Zimmerberg, en el norte; el de San Gotardo, en el centro; y el de Monte Ceneri, en el sur. La combinación de los tres túneles de base forma el primer enlace ferroviario transalpino plano con una cota máxima de 550 msnm y genera, así, una conexión de alta velocidad con una máxima de 250 kilómetros por hora que reduce los tiempos de viaje para los recorridos transalpinos. El tiempo del viaje entre Zúrich y Milán, por ejemplo, se redujo de 4 horas y media a 2 horas y media.

A diferencia del anterior túnel de San Gotardo, que es carretero, el túnel de base de San Gotardo es ferroviario y tiene una longitud de 57,10 kilómetros a una profundidad de 2.450 metros por debajo del macizo de San Gotardo que le da nombre. Todo el complejo de túneles y galerías requirió una excavación de 151,84 kilómetros. La obra consta de dos túneles separados, con una vía cada uno, y galerías transversales de conexión cada 300 metros. A un tercio de distancia de cada entrada hay dos estaciones multifuncionales. Estas cuentan con equipos de ventilación, infraestructura técnica, sistemas de seguridad y señalización, así como dos plataformas de detención de emergencia que están directamente conectadas a túneles independientes de salida. Estos túneles se encuentran presurizados y con aire fresco, para permitir una evacuación segura, directa y rápida de los pasajeros en caso de accidente. Dos cruces de vías dobles permiten que los trenes cambien de un túnel a otro, facilitando la movilidad necesaria para realizar trabajos de mantenimiento o en caso de algún incidente. Las bocas de los túneles tienen por cabecera las localidades de Erstfeld, en el norte (pertenece al cantón de Uri), y Bodio en el sur (forma parte del cantón del Tesino).

LA PLANIFICACIÓN DE LA OBRA

El túnel se compone de 5 secciones que se construyeron en paralelo para acortar el tiempo de la obra y optimizar los costos. Fueron en total cuatro túneles de acceso, más un ingreso extra de manera perpendicular al trazado, que se iniciaron desde las localidades de Erstfeld, Amsteg, Sedrun, Faido y Bodio.

Las primeras actividades de la obra se concentraron en la exploración de la roca en diferentes sectores críticos, a través de perforaciones de sondeo y análisis, realizada por geólogos. El proyecto se topó con dos zonas de mayor complejidad geológica que debieron ser analizadas con especial detalle: el submacizo Travetsch, que representaba un gran desafío debido a la escasa consistencia de sus rocas, y el pliegue sinclinal Piora, cuya estructura y extensión no fueron claras hasta que se realizaron sondeos inclinados para comprobar que, a nivel del túnel de base, existía roca sólida sin presión ni circulación de agua. Estos resultados, positivos para la construcción del túnel, fueron confirmados a través de los análisis de los núcleos de perforación, la medición de temperaturas y la prospección por refracción sísmica. Tanto la compleja topografía del entorno como la necesidad de iniciar los trabajos de excavación desde diferentes ubicaciones, profundidades y condiciones de acceso representaron un importante reto para la obra.

Un sistema de medición y control de alta precisión tenía que asegurar el calce exacto entre los dos tubos del túnel en las intersecciones planificadas, las que podían encontrarse a distancias de entre 7 y 16 kilómetros y hasta 1.000 metros bajo la montaña. Por eso sorprende la precisión lograda, ya que sobre una distancia de 57 kilómetros, la desviación del modelo frente a la realidad de los portales norte y sur fue menor a un centímetro.

Con la ayuda de satélites se definió una red de coordenadas fijas sobre toda la superficie del proyecto, las que actuaron como enlace entre los planos y el terreno. El trazado del túnel fue definido tomando en consideración dos importantes parámetros: responder a las condiciones y fallas geológicas del macizo de San Gotardo, y lograr la conexión ferroviaria más directa y rápida entre Zúrich y Milán.

A partir de la línea final del túnel, aprobada en 1995, fue necesario definir cómo iniciar la obra, dónde, con qué métodos, y en qué secuencia de actividades, para optimizar tiempos y costos. Por eso fue una decisión clave trabajar en paralelo en diferentes secciones de la obra, ya sea para hacer los sondeos de la zona geológica; la instalación de infraestructuras previas como

CRONOLOGÍA DEL PROYECTO

- 1992. Aprobación del proyecto Nuevo Enlace Ferroviario a través de los Alpes.
- 1994. Aceptación de la iniciativa para la protección de los Alpes (objetivo: desviar el tráfico vehicular hacia la vía férrea).
- 1995. Definición del modelo del túnel de base de San Gotardo (dos tubos separados, dos estaciones multifuncionales y galerías transversales).
- 1996. Primeros trabajos de preparación y exploración geotécnica en la localidad de Sedrun.
- 1997. Traspaso del Sinclinal de Piora durante la exploración previa (una de las zonas geológicas más exigentes del trayecto).
- 1998. Fundación de la empresa Alp Transit SA, que queda a cargo de la gestión integral del proyecto. La población suiza acepta la ley para el financiamiento del transporte público.
- 1999. Inicio de la construcción del pozo de acceso de 800 metros de profundidad en Sedrun, que permite iniciar los trabajos en el túnel. El Ministerio de Obras Públicas de Suiza autoriza la licitación de los contratos de trabajo en las diferentes secciones de ataque.
- 2000. El pozo principal de acceso de Sedrun alcanza los 800 metros de profundidad y comienzan las obras dentro del túnel.
- 2001. Asignación de las dos primeras licitaciones. El consorcio ganador se hace cargo de dos secciones parciales de 14 y 15 km en el lado sur y también de la construcción de la estación multifuncional de Faido.
- 2002. Con la llegada de la galería de acceso hasta la base comienzan los trabajos en la estación multifuncional de Faido. La primera tuneladora del lado sur inicia su trabajo en el frente de Bodio, excava 15 km de roca hasta llegar a Faido.
- 2003. La primera tuneladora del lado norte inicia su trabajo en Amsteg. Tres meses después, una segunda TBM arranca en el otro tubo, con 11,4 km de roca por delante.
- 2004. Inicio de las construcciones en el portal norte, por lo que se trabaja en las cinco secciones del túnel a la vez. Las dos TBM perforaron la mitad del trayecto entre Amsteg y Sedrun.
- 2005. La mitad de las excavaciones de los 153,4 km del sistema completo están terminadas, con tuneladoras o por voladura. En Sedrun se aplica la nueva tecnología de aseguramiento mediante arcos de acero de deformación, con el fin de controlar las enormes presiones.
- 2006. El primer calado de una tuneladora llega a la estación de Faido tras 4 años de trabajo. Después de 16,6 km de distancia, la diferencia en el calce entre los dos tubos es de solo 5 centímetros hacia el lado y 2 centímetros en el eje vertical.
- 2007. Encuentro de las secciones del túnel occidental entre Amsteg y Sedrun, 9 meses antes de lo planificado.

- 2008. Firma del contrato de trabajo para las instalaciones e infraestructura relacionada con la tecnología ferroviaria dentro del túnel y en las líneas de conexión.

- 2009. Comienzo del trabajo de equipamiento técnico ferroviario en el portal sur. También se logra el encuentro entre las secciones del lado norte. Luego de 7,4 km, hay una desviación en el calce de no más de un centímetro tanto en el eje lateral como vertical.

- 2010. El 15 de octubre se produce el calado principal en el tramo entre Sedrun y Faido, por lo que el túnel de base está completamente excavado. Desde esa fecha hasta el 2017 se realizará la instalación de toda la tecnología ferroviaria para el manejo de la vía.

- 2017. Inauguración total del túnel de base de San Gotardo.

obras viales y ferroviarias; señalizar las galerías de acceso y los pozos verticales; así como determinar el sistema de excavación, con métodos de perforación y por explosivos. En cada uno de estos sitios hubo que gestionar enormes cantidades de materiales de construcción y de roca excavada, con una logística precisa, eficiente, segura y ambientalmente amigable.

89

LA CONSTRUCCIÓN

Semejante obra necesitó el desarrollo de nuevas tecnologías y sistemas de construcción, entre las que se destacan avances en impermeabilización, sellado, fortificación y protección contra el fuego. El desarrollo de aditivos de última generación permitió obtener hormigones de alta resistencia y durabilidad que, por las características del túnel, debían ser aceleradas. Las empresas involucradas en el proyecto aportaron soluciones a medida de lo requerido mientras avanzaba la obra.

Allí donde la roca fue lo suficientemente dura y estable, se trabajó con tuneladoras TBM. En total se utilizaron 4 máquinas Herrenknecht de agarre, de 440 metros de largo y con un peso unitario de 3.000 toneladas. Las tuneladoras que operaron desde Bodio hasta Faido y Sedrun (modelos S-210 y S-211) fueron apodadas *Sissi* y *Heidi*. Las máquinas que iban al sur desde Erstfeld hasta Sedrun (modelos S-229 y S-230) se bautizaron como *Gabi I* y *Gabi II*. Controladas por computadoras, no solo se abrieron paso cortando la roca, sino que también aseguraron las secciones excavadas, además de remover el material.

El lento avance de cada tuneladora, unos 40 metros por día, puede resumirse de la siguiente manera: la cabeza, de unos 10 metros de diámetro, presiona la roca y la tritura con unos discos de acero con cuchillas de 45 centímetros de diámetro. Para no modificar su curso, cada tuneladora está sujeta al túnel a través de brazos hidráulicos. Los trozos de roca triturada caen a un cabezal lateral, pasan por un receptáculo trasero y son conducidos por una cinta transportadora hasta el final de la máquina, unos 400 metros por detrás. En las paredes del orificio recién realizado, un grupo de operarios, que trabaja por detrás de la cabeza, va conformando una contención circular con varas y mallas de acero para evitar la compresión de la montaña y posibles desprendimientos. Finalmente, se agrega una capa de hormigón proyectado, elaborado con los propios restos de la excavación en una planta especial ubicada fuera del túnel.

En otras ocasiones, de acuerdo con el tipo de roca, las perforadoras *jumbo* establecen un patrón preciso, excavan con sus barrenos en el frente del túnel y en cada orificio se colocan los explosivos. Después de cada detonación, el lugar se ventila y se asegura, para que los operarios puedan extraer la roca excavada e instalar los soportes permanentes.

Cuando se realiza una apertura en la roca, el estrato circundante inevitablemente se vuelve más inestable. El soporte inicial está en contacto directo con este estrato y sufre una exposición mayor a los efectos de la roca y del agua subterránea. Un correcto control de la roca es fundamental para asegurar la vida útil y la seguridad del túnel.

De la misma manera, la correcta elección de materiales para el soporte, sellado y revestimiento del túnel es importante para garantizar la seguridad del personal, así como un funcionamiento óptimo del complejo. En el caso del túnel de base de San Gotardo, su vida útil estimada es de, por lo menos, 100 años. Para evitar fallas o cualquier otro imprevisto, los equipos de

A FAVOR DEL MEDIO AMBIENTE

Uno de los objetivos en la construcción del túnel de base de San Gotardo fue realizar una gestión sustentable para reducir al máximo los efectos negativos sobre el medio ambiente. Para ello se tomaron una serie de medidas:

Todas las instalaciones complementarias (plantas de procesamiento de hormigón, talleres, bodegas, líneas de cintas transportadoras, etc.) fueron diseñadas de manera de minimizar el ruido y la contaminación causada por el polvo en suspensión.

Los vehículos que funcionan con diésel estuvieron equipados con modernos filtros de partículas para cumplir con las últimas normas anticontaminantes vigentes.

Parte de las rocas extraídas del interior de los Alpes sirvió como fuente de materia prima para generar el material utilizado en el hormigón proyectado, de manera que volvió a la montaña en forma de otro compuesto. También fueron empleadas para construir puentes y muros de contención, o como material de relleno para las secciones de acceso de la línea férrea, con la idea de conservar los valiosos recursos áridos y proteger los paisajes.

En cada sección de la obra, profesionales expertos en medioambiente controlaron la correcta puesta en marcha de las medidas mediante monitoreos de la calidad del aire, del suelo, de las aguas subterráneas y del agua en superficie. También midieron el nivel de ruido y de vibraciones. Si por alguna razón excedían los límites definidos, inmediatamente se tomaban las medidas necesarias para contrarrestar la situación.

trabajo tomaron precauciones como la de aplicar inyecciones de cemento con aditivos especiales antes de la perforación para consolidar la roca, reducir la permeabilidad al agua y proporcionar estabilidad a largo plazo.

El tránsito de trenes de alta velocidad exigió un revestimiento de hormigón liso para el interior del túnel. Dado que el soporte inicial tiene una vida útil limitada, el recubrimiento interior tuvo por lo menos 30 centímetros de espesor para garantizar una contención segura. En áreas donde el recubrimiento está sometido a fuertes tensiones, se reforzó con planchas de acero estructural. Dado que las condiciones de temperatura y humedad en el túnel influyen sobre su proceso de envejecimiento, una decisión importante durante la planificación fue la de optar por un revestimiento interior continuo, realizado de hormigón y preparado *in situ*. Este recubrimiento disminuye la resistencia del aire, aminora la cantidad de calor emitida por los trenes, mejora la circulación natural, reduce la humedad y limita la filtración de aguas subterráneas.

Erstfeld, Suiza.

LA INAUGURACIÓN

El trabajo de perforación terminó en 2010; la unión de las dos partes del túnel ferroviario más largo del mundo tuvo lugar el 15 de octubre, a 30 kilómetros de la boca norte y a 27 kilómetros de la boca sur. La expectativa por saber si coincidirían no dio lugar a comentarios. Se impuso la precisión suiza, ya que la diferencia fue de escasos centímetros. A partir de allí, comenzaron los trabajos de terminación y adecuación, con el fin de habilitar el túnel en el menor plazo posible.

La inauguración oficial del túnel se produjo el 1° de junio de 2016, cuando el primer tren cruzó la salida norte tras haber entrado por la puerta sur. En su interior viajaban el presidente federal de Suiza, Johann Schneider-Ammann; el primer ministro italiano, Matteo Renzi; el presidente francés, François Hollande, y la canciller de Alemania, Ángela Merkel.

Pese a tratarse de un proyecto exclusivamente suizo en cuanto a la ejecución y financiación, siempre existieron países interesados en que se concretara la construcción del túnel de base de San Gotardo. Todos se vieron beneficiados por una nueva vía de comunicación que alivia y facilita el comercio y el transporte mercantil terrestre entre el sur y el norte de Europa.

Al momento del representativo corte de cintas, la tijera estuvo en manos del presidente Schneider-Ammann, acompañado por la ministra de transporte, Doris Leuthard, y el consejero delegado de Ferrocarriles Federales Suizos (FFS), Andreas Meyer. Se trató de un día histórico y muy especial. Una ceremonia realizada con 350 artistas y acróbatas de toda Europa se desarrolló dentro del túnel para homenajear a las 2.600 personas que intervinieron en el proyecto. Mientras, en el exterior, los aviones de la Patrulla Suiza surcaron el cielo sumándose también a los festejos.

"Es una obra que unirá a la gente y a las economías de Europa", dijo el presidente suizo Johan Schneider-Amman. Por su parte, la ministra Doris Leuthard expresó que "el túnel demuestra que somos aquellos que podemos realizar nuestros sueños, que somos expertos en la perfección y en la innovación. Si podemos concretar un objetivo, se pueden cambiar las cosas, generando una

DATOS SIGNIFICATIVOS

A fines de 2003, el proyecto NRLA recibió el Premio de la Academia para Infraestructuras de Transportes Subterráneas de Colonia, Alemania, por su innovación y el aporte de experiencias para el transporte europeo y la construcción de túneles en todo el mundo.

En 2006 se proyectó utilizar el pozo vertical de Sedrun (el primero en ejecutarse) como acceso a una estación subterránea a 800 metros de profundidad que, a través de un ascensor, permitiera una llegada rápida a esa región del cantón. Sin embargo, la idea fue abandonada un año más tarde por ciertos problemas técnicos y financieros, así como por la falta de apoyo del gobierno local.

Los requisitos de seguridad del material rodante para el túnel de base de San Gotardo son similares a los de otros túneles largos que también hay en Suiza. Por ejemplo, todos cuentan con la posibilidad de anular el freno de emergencia por motivos de seguridad. Estas normas contrastan con las permitidas en el eurotúnel del Canal de la Mancha, cuya principal normativa de seguridad requiere trenes hechos a la medida.

Durante la excavación se extrajeron grandes cantidades de material. Solo para el túnel de base se produjeron millones de toneladas, suficientes para construir una montaña con un volumen cinco veces mayor que la pirámide de Keops, la más grande de Egipto.

El túnel tiene una humedad en el aire del 70 por ciento. Esto se traduce en unos 125.000 litros de agua que se filtran anualmente por las paredes. Este líquido es drenado fuera del túnel, refrigerado en piletas de decantación y luego descargado en los cursos de agua más próximos.

El túnel atraviesa 8 tipos de rocas diferentes, principalmente gneiss, piedra caliza y mármol.

Con su inauguración, el túnel de base de San Gotardo superó las dimensiones del túnel de Seikan, en Japón, de 53,9 kilómetros, y el eurotúnel del Canal de la Mancha, de 50 kilómetros.

fuerza que, tal vez, nos ayude para que en el futuro tengamos más éxito, respeto y coraje". Tampoco faltaron palabras alusivas de parte de los mandatarios invitados. El presidente de Francia, François Hollande, subrayó que Suiza puede estar orgullosa de lo que ha alcanzado: "El túnel es una infraestructura que beneficia a toda la economía de Europa", y agregó un especial comentario sobre la reducción de emisiones de dióxido de carbono "que se logra gracias al paso de los trenes de transporte de mercancías por la nueva conexión". La canciller alemana Ángela Merkel declaró que fue una "sensación extraordinaria" transitar por un túnel con

Puente del Diablo, viaducto entre
Andermatt y Goschenen, Suiza.

2.000 metros de roca por encima, "pero me sentí segura, porque conozco la precisión de los ingenieros suizos". Por último, para el primer ministro italiano, Matteo Renzi, "el túnel de San Gotardo es la obra del siglo y una construcción fundamental, ya que no solo será útil para Suiza, sino que podrá, con las obras en curso en Italia y Alemania, acercar aún más a Europa. En un momento en el que se construyen muros, Suiza construyó un túnel que nos conecta".

En la actualidad circula un tren de carga cada 12 minutos por la ruta de San Gotardo, es decir, entre 110 y 130 trenes diarios. Lo importante es que el túnel está integrado a la red ferroviaria europea de alta velocidad, con mayor capacidad de transporte y viajes más cortos.

Para reducir el riesgo de error humano, existen dispositivos, en gran parte automatizados, que funcionan de manera permanente entre la cabina de mando y las instalaciones externas a través de un sistema de señalización acorde al estándar europeo. Cerca de ocho millones de personas que viven en la zona de influencia del nuevo eje ferroviario, se beneficiaron con los menores tiempos de traslado, convirtiendo al tren que circula por el eje de San Gotardo en una alternativa real a los autos y aviones a la hora de viajar.

EL TÚNEL EN NÚMEROS

4 tuneladoras utilizadas para la excavación.

18 años demoraron los trabajos de construcción (1998-2016).

20 minutos tarda un tren en atravesar el túnel a 250 kilómetros por hora.

40 metros diarios de excavación.

45 kilómetros totales perforados por las tuneladoras.

45 grados Celsius de temperatura en el interior rocoso.

50 años demandó la realización desde su planificación inicial.

57,10 kilómetros tiene el túnel ferroviario más largo del mundo.

100 años de garantía aseguran los constructores del proyecto.

151,84 kilómetros totales debieron excavarse.

160: km/h de velocidad máxima para trenes de carga.

250: trenes circulan por día.

250: km/h de velocidad máxima para trenes de pasajeros.

550 metros sobre el nivel del mar.

2.450 metros de montaña tiene por encima.

2.600 operarios de diferentes nacionalidades intervinieron en las obras.

8.000.000 de habitantes de la región se ven directamente beneficiados.

24.000.000 de toneladas de roca excavada.

40.000.000 de toneladas de carga promedio se transportan anualmente.

14.600.000.000 de euros fue el costo total de la obra.

EL TÚNEL DE SAN GOTARDO

Perfil del túnel

El macizo de San Gotardo está compuesto por más de 15 estratos minerales: algunos muy duros como el gneiss, el granito o la moscovita han sido perforados con tuneladoras; los más blandos, como la filita o la dolomita, mediante explosivos y excavadoras.

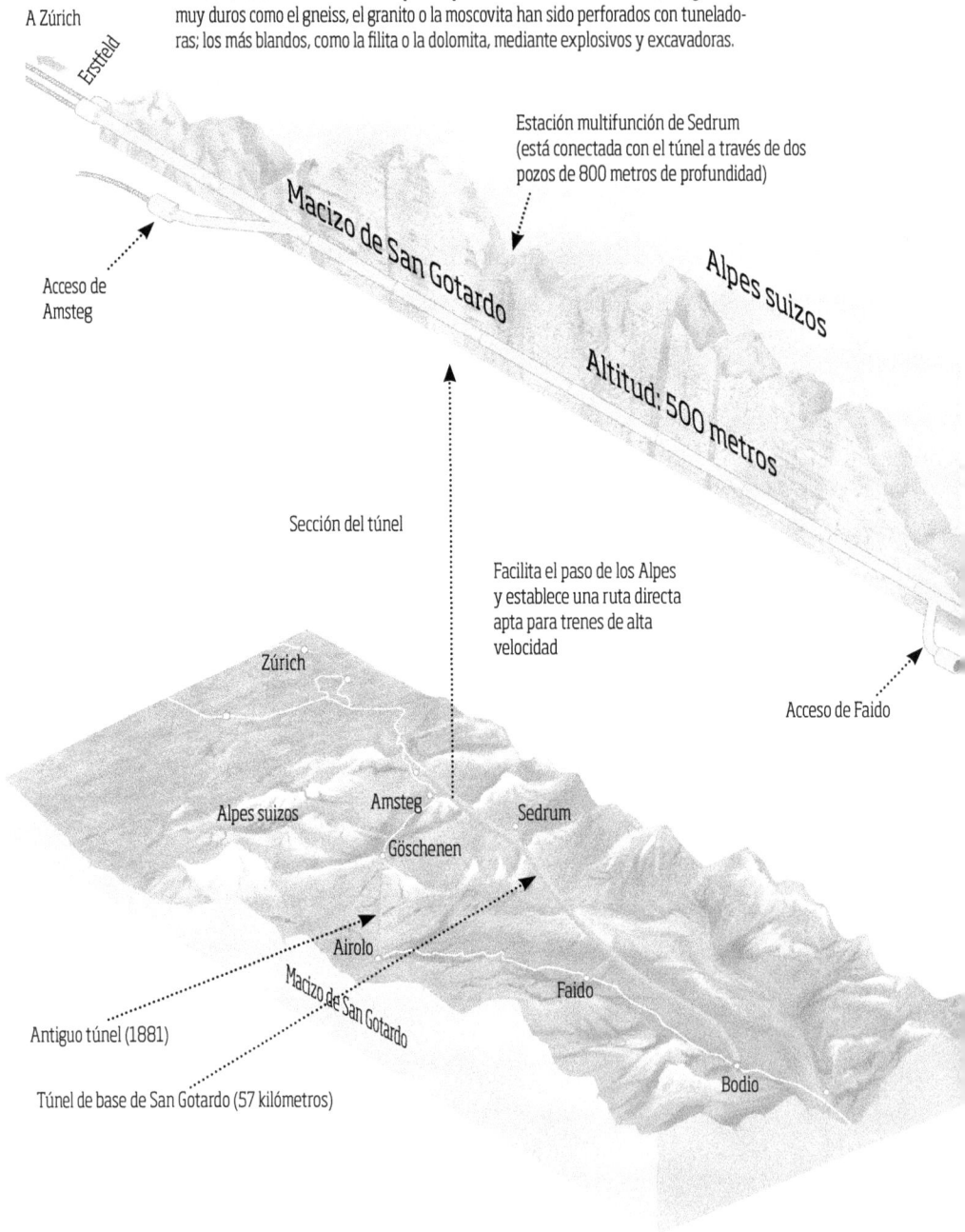

A Zúrich

Erstfeld

Macizo de San Gotardo

Alpes suizos

Altitud: 500 metros

Estación multifunción de Sedrum (está conectada con el túnel a través de dos pozos de 800 metros de profundidad)

Acceso de Amsteg

Sección del túnel

Facilita el paso de los Alpes y establece una ruta directa apta para trenes de alta velocidad

Acceso de Faido

Zúrich

Alpes suizos

Amsteg

Sedrum

Göschenen

Airolo

Faido

Macizo de San Gotardo

Bodio

Antiguo túnel (1881)

Túnel de base de San Gotardo (57 kilómetros)

Detalle de los túneles

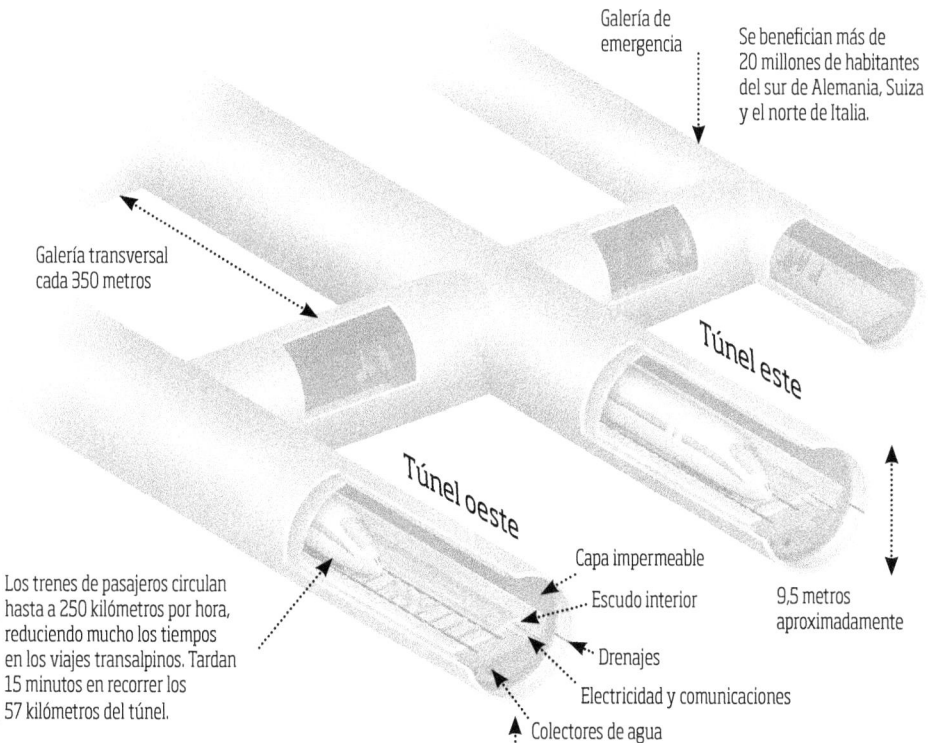

Galería de emergencia

Se benefician más de 20 millones de habitantes del sur de Alemania, Suiza y el norte de Italia.

Galería transversal cada 350 metros

Túnel este

Túnel oeste

Los trenes de pasajeros circulan hasta a 250 kilómetros por hora, reduciendo mucho los tiempos en los viajes transalpinos. Tardan 15 minutos en recorrer los 57 kilómetros del túnel.

Capa impermeable

Escudo interior

Drenajes

9,5 metros aproximadamente

Electricidad y comunicaciones

Colectores de agua

Esquema general

Estación multifunción de Sedrum

Detalle ampliado

Acceso   Ventilación

Los trenes pueden cambiar de túnel en alguna de las dos estaciones multifunción ubicadas en Sedrum y Faido, que también sirven como paradas de emergencia y evacuación.

A Milán

Túnel este: 57.091 metros

Bodio

800 metros

Acceso de Amsteg

Estación de emergencia

Estación multifunción de Faido

Cambio de túnel

Túneles ferroviarios más largos del mundo

San Gotardo (Suiza)		57 kilómetros
Seikan (Japón)		53,8 kilómetros
Eurotúnel		50,4 kilómetros
Lötschberg (Suiza)		34,6 kilómetros
Guadarrama (España)		28,3 kilómetros

Acceso de Faido

Túnel oeste: 56.978 metros

LOS TÚNELES
MÁS EXTRAÑOS

Si bien la mayoría de los túneles se desarrollan bajo tierra, existen otros que, a pesar de su condición comunicante a través de un obstáculo, no se encuentran debajo de la superficie. Solucionar el problema de la ventilación y evacuación de gases, luchar contra la claustrofobia, esculpir la ladera de la montaña, atravesar edificios o cumplir una doble función son algunas de sus características.

CONTRA EL ENCIERRO Y LA MONOTONÍA

Uno es el túnel carretero más largo del mundo y está en Noruega, el otro se encuentra en China. Ambos tienen la particularidad de contar con características especiales para que los conductores se sientan más seguros y se mantengan atentos a pesar de transitar durante kilómetros y kilómetros por un tubo completamente enterrado en la superficie.

EL TÚNEL DE LAERDALS

El túnel de Laerdals fue construido entre 1995 y 2000. Tiene 24,5 kilómetros de largo y une las localidades de Aurlandsvangen y Laerdals, como parte integrante de la ruta nacional que conecta las ciudades de Oslo y Bergen, las más importantes de Noruega.

Las obras se iniciaron con la perforación simultánea en tres sitios distintos. Un equipo comenzó por cada extremo y un tercero avanzó por una galería de ventilación de 2 kilómetros de longitud hasta encontrarse con el túnel principal, hecho que acortó significativamente el tiempo de construcción. Cada equipo se guio mediante sistemas de navegación por satélite para determinar el punto donde comenzar la perforación, mientras que el ángulo para iniciarla se determinó con un sistema de rayo láser. De esta manera, se dirigió el avance de los barrenos ubicados en los *jumbos* con el fin de garantizar la exacta ubicación de los huecos para los explosivos. Para cada detonación se barrenaron unos cien agujeros de 5,2 metros de profundidad, en los que se introdujeron unos 500 kilos de explosivos.

Como las paredes y la bóveda del túnel debían reforzarse antes de poder barrenar de nuevo, se instalaron largos pernos de acero, y las superficies se revistieron rociando hormigón proyectado reforzado con fibras.

El avance de los equipos fue de 60 a 70 metros semanales. Los dos grupos que trabajaban en el túnel principal se encontraron en septiembre de 1999, con una desviación de tan solo unos 50 centímetros.

Una de las particularidades de este túnel es que la limpieza del aire se consigue por dos vías: ventilación y purificación. Para la primera existen dos grandes ventiladores que aspiran el aire en cada entrada y expulsan el aire contaminado por el túnel de 2,1 kilómetros que sirvió de atajo en la construcción. Para la purificación se construyó una planta de tratamiento de aire que elimina el polvo y el dióxido de nitrógeno, producido por el tránsito de un promedio de casi 400 automóviles por hora.

Para romper con la monotonía de conducción durante el tiempo que demanda el trayecto, el túnel se dividió en cuatro secciones mediante la creación de tres enormes plazas en forma de caverna que crean la sensación de atravesar cuatro túneles cortos en lugar de uno largo. Cada caverna está iluminada de manera que parezca que se conduce a la luz del día. Las plazas lucen con tonos amarillos o verdes en el suelo y azul en el techo, para dar la impresión de que entra la luz del día o que está amaneciendo. Dichos efectos, junto con la buena iluminación a lo largo del túnel, consiguen que la mayoría de los conductores se sientan cómodos y seguros. Así, los viajeros pueden disfrutar de la singular experiencia de recorrer el túnel de carretera más largo del mundo.

EL TÚNEL DE ZHONGNANSHAN

El túnel de Zhongnanshan, en China, fue inaugurado en enero de 2007, luego de un trabajo de 5 años. Con una longitud de 18,02 kilómetros, se encuentra entre los más largos del mundo. Está formado por dos tubos de 6 metros de altura y casi 11 metros de ancho, separados entre sí por unos 30 metros. Cada uno de los tubos tiene dos carriles destinados a la circulación vehicular, con un tope de velocidad de 80 kilómetros por hora.

Para romper con la monotonía de conducción durante el tiempo que demanda el trayecto, el túnel se dividió en 4 secciones mediante la creación de 3 enormes plazas en forma de caverna que crean la sensación de atravesar 4 túneles cortos en lugar de 1 largo.

El Túnel de Laerdals fue inaugurado el 27 de noviembre de 2000.

Lærdals-
tunnelen
24,5 km

Esta proeza de la ingeniería se encuentra sobre la autopista Xían-Ankang, que a su vez forma parte de la conexión que une Baotou, en la provincia de Mongolia interior (en el norte de China) con Beihai en la región autónoma de Guangxi Zhuang (en el sur). El túnel empieza en Qingcha, en la ciudad de Xían y acaba en Yingpan, en la ciudad de Shangluo. Lo destacable del túnel de Zhongnanshan es que fue equipado con luminarias de diferentes colores y tamaños, así como con plantas artificiales y nubes proyectadas en el techo, con el fin de reducir la impresión de limitación del campo visual, mantener la atención del conductor y hacer más agradable el trayecto.

SUBMARINOS Y NO TANTO

Uno es el túnel submarino más profundo del mundo, que une la Turquía asiática con la europea, y el otro es un complejo que incluye la combinación puente-túnel para unir dos ciudades japonesas.

EL TÚNEL MARMARAY

El túnel Marmaray es la primera conexión ferroviaria entre dos continentes por debajo del estrecho del Bósforo, en Estambul, Turquía. El nombre de Marmaray surge de combinar la localización del Mar de Mármara (está al sur del proyecto), con *ray*, palabra turca que significa riel.

Las obras del túnel comenzaron en 2004, pero recién fue inaugurado en octubre de 2013. Se trata del túnel submarino más profundo del mundo, preparado para soportar terremotos de hasta 9 grados en la escala Richter, ya que está ubicado en una zona sísmica. Tiene una longitud de 13,6 kilómetros, con 1,4 kilómetros bajo suelo marino, y está montado en 11 secciones de doble tubo de entre 90 y 135 metros de largo. Cada uno de estos elementos pesa hasta 18.000 toneladas y todos fueron sumergidos a 60 metros bajo el nivel del mar y enterrados 5 metros bajo el lecho marino.

El túnel Marmaray cuenta con cinco estaciones y conecta el metro de Estambul con el tren ligero que llega al aeropuerto de

Atatürk. La línea ferroviaria funciona diariamente de 6 a 22, con una frecuencia de 10 minutos.

Durante 4 años, el proyecto estuvo interrumpido debido al descubrimiento del puerto más grande de la antigüedad. Conocido desde el siglo IV como puerto de Eleuterio o puerto de Teodosio, fue uno de los más activos del imperio Bizantino. Allí, los arqueólogos descubrieron restos de una porción de la muralla de la ciudad que data de la época de Constantino I y restos de ocho navíos, entre ellos, un gran barco de madera de más de 1.000 años de antigüedad. Además, durante la excavación se descubrieron restos de asentamientos en Estambul, que incluyen monedas de oro, ánforas de arcilla, sandalias de cuero, cuencos de porcelana y cráneos humanos que se remontan al año 6.000 a.C.

EL COMPLEJO AQUALINE BAHÍA DE TOKIO

Rodear la Bahía de Tokio entre las prefecturas de Kawagawa y Chiba (sectores de gran importancia industrial para Japón) insumía, hasta 1997, un viaje de 100 kilómetros que comprendía un paso obligado por el centro metropolitano de Tokio. La solución más práctica hubiera sido la construcción de un puente sobre la bahía entre las ciudades de Kawasaki y Kisarazu. Sin embargo, el gran tráfico de embarcaciones en la bahía y la necesidad de disponer de suficientes vías de navegación cercenó desde un primer momento el proyecto.

109

Luego de 31 años de estudios de viabilidad, la construcción de la Aqualine Bahía de Tokio se inició en 1989 y el complejo fue habilitado en 1997.

La obra parte de Kisarazu, se extiende a lo largo de 4,4 km sobre un puente suspendido en la bahía y luego se sumerge, a través de un túnel de 9,5 km, en una isla artificial, para arribar a la ciudad de Kawasaki. El túnel subacuático para el tráfico vehicular tiene un diámetro interno de 11,9 metros que permite disponer de dos carriles de circulación en cada sentido.

Cada formación es capaz de atravesar el túnel en menos de 4 minutos, mientras que el flujo diario de pasajeros alcanza el millón de personas.

4A

E32016 M4

arma

La construcción del complejo Aqualine Bahía de Tokio redujo la distancia entre Kisarazu y Kawasaki a poco más de 15 kilómetros, y el tiempo de viaje, a tan solo un cuarto de hora.

ALTOS Y RÚSTICOS

La inmensidad y variedad del paisaje de China, así como su gran población, le brinda a este país la posibilidad de contar con ejemplos extremos. Desde un túnel ferroviario a casi 5.000 metros sobre el nivel del mar a una conexión en la ladera de la montaña realizada ¡a mano!

EL TÚNEL FENGHUOSHAN

El Fenghuoshan es el túnel ferroviario más alto del mundo e integra la primera línea férrea que llega a la desolada región del Tíbet. Su nombre es el término chino para referirse a "volcán del viento".

Tiene 1.338 metros de largo y se encuentra a 4.905 metros sobre el nivel del mar. Es parte de la recientemente terminada línea de ferrocarril que une la ciudad de Qinghai con la región del Tíbet en China. Dentro del mismo recorrido, el túnel más largo de la línea es el Yangbajing, con 3.345 metros de extensión, que se encuentra a 4.264 metros por encima del nivel del mar.

EL TÚNEL DE GUOLIANG

Para los habitantes de Guoliang, un pueblo chino ubicado en lo alto de las montañas Taihang, en la provincia de Henan, salir al mundo exterior era toda una aventura de riesgo. Su único contacto con la civilización eran unas empinadas escaleras estrechas incrustadas en la ladera de la montaña. Denominadas popularmente "escaleras del cielo", se destacaban por su peligrosidad, ya que eran muy resbaladizas y no contaban con ningún tipo de seguridad.

En repetidas ocasiones, los 350 habitantes del poblado solicitaron al gobierno la construcción de un camino para conectar el pueblo con el exterior. Sin embargo, las peticiones nunca se concretaron.

Al no recibir ayuda, los propios habitantes fueron quienes pusieron manos a la obra. El concejo local seleccionó, en 1972, a trece trabajadores para formar un equipo, entre ellos a un ingeniero. El grupo comenzó a tallar con mucha paciencia y determinación, centímetro a centímetro, un túnel en la roca, a un lado de la montaña, utilizando nada más que herramientas de mano.

Para 1977, cinco años después de comenzar el colosal trabajo, los aldeanos habían logrado excavar 1,2 kilómetros de túnel de 5 metros de altura y 4 metros de ancho. Pese a que se trató de toda una hazaña, el túnel excavado a mano no resultó del todo seguro, puesto que varios pilares se desmoronaron. Sin embargo, gracias a la labor de un puñado de valientes aldeanos, Guoliang pudo conectarse con el mundo de una manera sencilla, pero desafiando continuamente a la muerte.

El túnel de Guoliang es considerado en la actualidad una de las carreteras más peligrosas del mundo. Su tortuoso recorrido deja a los conductores que se atreven a adentrarse en él completamente aterrorizados ante las curvas ciegas y el constante peligro de derrumbe. Pero, así como originalmente se excavó para permitir una comunicación conveniente con el mundo, ahora es toda una atracción turística que le permite al pueblo contar con algunos ingresos extras. Gracias al túnel, se construyeron hoteles y puentes alternativos más seguros, ya que el acceso al túnel excavado a mano no siempre está abierto por su peligrosidad.

115

CASOS ÚNICOS

En Kuala Lumpur existe un túnel que es tan inteligente como lo refleja su nombre en inglés, SMART. Por otra parte, Japón puede jactarse de poseer un túnel único en todo el planeta: una conexión, con forma de autopista, que pasa justo en medio de un edificio.

EL SISTEMA SMART

El sistema de Gestión de Tormentas y Túneles de Carretera (SMART, por sus siglas en inglés de Stormwater Management and Road Tunnel) es una solución única a los problemas de tránsito y gestión de las grandes tormentas que existen en Kuala Lumpur, Malasia.

El sistema SMART tuvo como objetivo principal encauzar grandes volúmenes de agua de inundaciones que se producían con frecuencia en Kuala Lumpur, principal centro financiero, empresarial y comercial de Malasia. Pero durante su fase de diseño, la

El túnel de Guoliang tiene un ancho que permite el paso de autos e incluso de pequeños autobuses.

Grandes túneles

Los dos niveles de carretera del sistema SMART se abrieron al tránsito el 15 de mayo de 2007 y un mes después se inauguró oficialmente todo el túnel.

iniciativa de un par de ingenieros derivó en la implementación de una doble función, ya que se integró un túnel de autopista para facilitar el tránsito desde uno de los principales accesos hacia el centro de la ciudad. La obra comprende un túnel de 9,5 kilómetros de largo y 13 metros de diámetro, con una autopista de dos niveles en los 3 kilómetros centrales. La excavación se realizó con dos tuneladoras que trabajaron en direcciones opuestas desde el medio de su alineación.

Para cumplir con su doble función, presenta tres modos de utilización: en un primer escenario, sin tormentas, por el túnel solo pasa el tránsito, pues no es necesario desviar agua hacia la instalación; en un segundo escenario, con tormentas moderadas, se desvía un caudal controlado de agua por el nivel inferior del túnel sin necesidad de cortar el tránsito, y en un tercer escenario, de tormentas excepcionales, el agua ocupa toda la sección del túnel y corta el paso de los vehículos. En este caso, el megaconducto tiene una capacidad combinada de hasta 3 millones de metros cúbicos; en tanto que el protocolo de acción permite garantizar que quede tiempo suficiente para que el último vehículo pueda salir del túnel antes de abrir las puertas herméticas automáticas. Finalizada la evacuación del caudal hídrico, el túnel se vuelve a abrir al tráfico 48 horas después del paso de las aguas.

EL GATE TOWER BUILDING

La conjunción de una serie de factores, como los derechos de propiedad sobre zonas de explotación, la búsqueda de otras fuentes de energía, una remodelación urbana y la imposibilidad del gobierno de Japón de expropiar terrenos, determinaron que en Osaka, Japón, exista una de las construcciones más raras de todo el planeta. Se trata de un edificio de 16 plantas dedicadas a oficinas que posee dos sótanos, un helipuerto ¡y un túnel que atraviesa los pisos del quinto al séptimo!

Poco antes de finalizar la traza de la salida 11-03 de la autopista Hanshin hacia Umeda, los ingenieros se toparon con un
trozo de tierra cuyos titulares se negaron a vender a la empresa
constructora.

Como en Japón no se pueden expropiar terrenos y no había
espacio para cambiar la rampa de salida, se llegó a un acuerdo
salomónico. La empresa Hanshin Expressway se hizo cargo, en
1992, de la construcción de un edificio de sección circular sobre
el terreno en conflicto para la compañía propietaria, a cambio
de quedarse con tres pisos que tendrían un único inquilino: un
túnel de 30 metros de largo y casi 14 de altura, construido con
marcos estructurales y hormigón armado. Si bien la autopista
no hace contacto con el edificio, sino que pasa a través de él,
sus pilares están muy cerca y toda la estructura está rodeada de
materiales que permiten aislar el edificio del ruido y las vibraciones del tránsito. Su concepto y funcionalidad son un claro ejemplo de las habilidades de la ingeniería urbana de Japón, dispuesta
a resolver con determinación problemas potencialmente espino-
sos y, sobre todo, a alcanzar un consenso sin importar el tiempo
ni los esfuerzos requeridos.

EL FUTURO

Está demostrado que son pocos los obstáculos infranqueables para las modernas tecnologías. La ingeniería en construcción de túneles no deja de avanzar y buscar nuevas soluciones. Aquellas conexiones que hoy son materia para relatos de ciencia ficción tal vez mañana puedan ser reales. Nuevos túneles, nuevos proyectos. La inventiva en la búsqueda de soluciones para mejorar el tránsito de personas o mercancías no descansa. Proyectos concretos en sus fases finales, ideas posibles que aún requieren mucho desarrollo, y megaobras concebidas solo en sueños son algunos de los ejemplos que nos esperan.

EL SISTEMA CROSSRAIL

La ciudad de Londres cuenta con una de las redes de trenes subterráneos más grandes de Europa y del mundo entero. Fue inaugurada en 1863, cuenta en la actualidad con 11 líneas y 274 estaciones a lo largo de 408 kilómetros de vías, y el flujo de pasajeros diarios alcanza los 3 millones de personas. Sin embargo, no es suficiente.

Desde hace una década, los trabajos del denominado sistema Crossrail son la actualización más reciente del *tube* o *underground* desde que se inauguró la Jubilee Line, en 1999. Se trata del proyecto de ingeniería civil más grande de Europa, comparable, para muchos, con la realización del túnel del Canal de la Mancha. Sus mentores aseguran que no es una ampliación del metro, sino la concreción de un auténtico corredor utilitario. La longitud total del Crossrail, también conocido como Elizabeth Line, es de 56 kilómetros, dividido en 6 túneles que requirieron 8 modernas tuneladoras para su perforación.

El Crossrail agilizará los desplazamientos porque, por primera vez, permitirá atravesar el casco urbano de oeste a este en una sola línea, que contará con 100 kilómetros de vías subterráneas, entre las nuevas y las actuales.

El nuevo sistema se diferencia del metro convencional porque sus trenes son hasta un 50% más largos que los actuales. Además, contará solo con paradas específicas pese a concentrar casi el 10% de toda la circulación metropolitana. Habrá 24 trenes por hora marchando en cada sentido, a una velocidad promedio de 142 kilómetros por hora.

Luego de varios retrasos y complicaciones, se espera que el Crossrail se encuentre habilitado dos años más tarde de lo inicialmente planteado (entre fines de 2020 y principios de 2021), mientras que otros grupos de trabajo ya están proyectando lo que será el sistema Crossrail 2, que atravesará la ciudad de Londres de norte a sur.

TÚNELES DE ALTA VELOCIDAD

El exceso de tránsito vehicular en algunas de las más grandes ciudades desencadena innumerables congestiones que no son fáciles de eludir. Un atasco en una autopista no solo genera una pérdida de tiempo, sino que provoca situaciones de estrés y nerviosismo.

En busca de una solución a este problema, el visionario americano Elon Musk, fundador de Tesla y Boring, entre otras empresas, ideó una solución que, si bien está en fase de prueba, podría transformar el perfil de las ciudades del futuro. Musk concibió en el subsuelo de su compañía aeroespacial SpaceX un túnel subterráneo de transporte de alta velocidad. Pese a que todavía se trata de un prototipo, el túnel emplazado en los bajos de un terreno ubicado en Hawthorne, cerca de Los Ángeles, sirvió de excusa para convocar a los medios de prensa y presentar las principales características de su proyecto. El primer túnel subterráneo de transporte de alta velocidad tiene casi 2 kilómetros de longitud, está a 9 metros por debajo de la superficie y se accede a él por medio de un ascensor vertical. Para transitarlo, solo será posible el uso de vehículos eléctricos autónomos, equipados con ruedas laterales especialmente diseñadas que salen en forma perpendicular a los neumáticos y ruedan sobre la vía del túnel.

Su creador, Elon Musk, se refiere al futurístico sistema como un "circuito" que se desarrollará en gran escala por debajo de las ciudades en todo el planeta. El proyecto prevé tomar como base las unidades Tesla Model X, adaptadas para aumentar su capacidad hasta 16 pasajeros, que circularán a una velocidad que oscilará entre los 200 y los 250 kilómetros por hora, excepto al entrar y salir de las estaciones. Con esto, se cree que los tiempos de traslado se acortarán a un tercio de lo que se necesita para hacer el mismo recorrido en tren y mucho menos de lo que demandaría hacerlo en auto, por la superficie.

La planificación de los túneles subterráneos de alta velocidad estima una frecuencia de paso de 30 segundos entre cada vehículo, con un servicio de transporte que operará 20 horas al día. Como elementos de confort, cada vehículo autónomo estará climatizado, dispondrá de wi fi y permitirá el transporte de los pasajeros y su respectivo equipaje.

TÚNEL TRANSATLÁNTICO

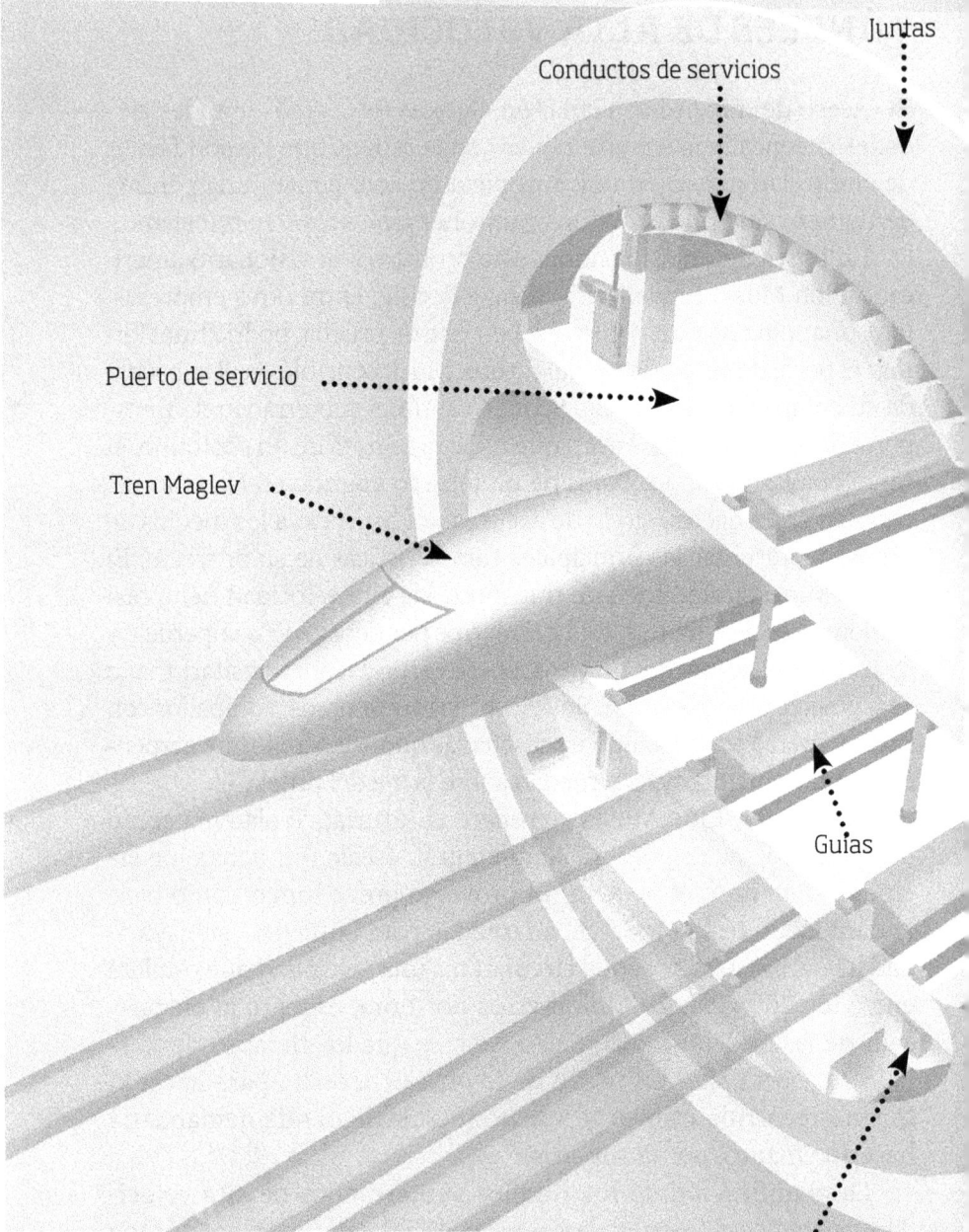

Conductos de servicios

Juntas

Puerto de servicio

Tren Maglev

Guías

Bombas de vacío

Un proyecto en espera de una tecnología que todavía no se ha desarrollado.

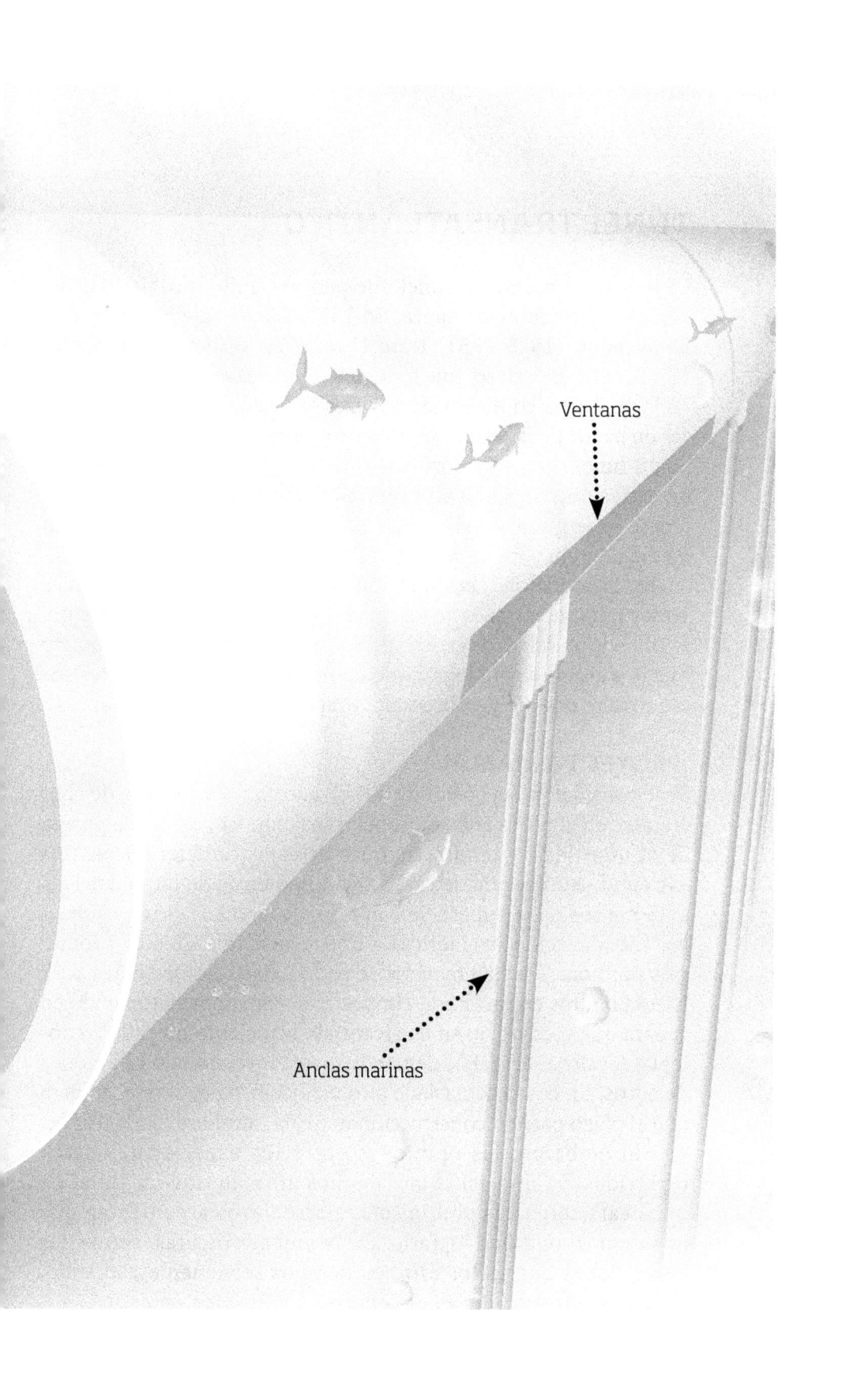

Ventanas

Anclas marinas

TÚNEL TRANSATLÁNTICO

La idea de concebir un túnel que permita unir ambas orillas del océano Atlántico no es nueva. En 1913, el autor alemán Bernhard Kellermann (1879-1951) trató el tema en su novela *Der Tunnel* (El Túnel). El relato fue todo un éxito, ya que se vendieron 100.000 copias en menos de 6 meses, y sirvió de guion para realizar un par de películas. El argumento gira en torno a la construcción de un túnel para unir Europa y América, en la que surgen varios desastres que demoran su realización. Cuando el conducto finalmente se termina, queda obsoleto, ya que los aviones resultan un medio de transporte mucho más efectivo para unir las dos orillas.

En la actualidad, la intención de unir ciudades como Nueva York y Londres a través de un túnel sigue latente. Por el momento, se trata de un relato de ciencia ficción, ya que la tecnología requiere muchos avances para lograr que un proyecto de estas características resulte posible y, sobre todo, rentable.

¿PROYECTO VIABLE?

Si se consideran las posibilidades de la tecnología actual, de concretarse en algunos años un túnel transatlántico, sería una proeza de la ingeniería y tendría algunas de estas características: una estructura sumergida de casi 5.000 kilómetros de largo, anclada a 45 metros de la superficie y por donde circularían trenes maglev (de levitación magnética) a una velocidad de 8.000 kilómetros por hora. De esta manera, se podría viajar desde Nueva York hasta Londres en una hora. ¿Imposible? Por ahora sí, teniendo en cuenta que todavía no se ha alcanzado semejante nivel de tecnología. A valores actuales, demandaría una inversión de 12 billones de euros, un costo demasiado alto para amortizar, si se considera que el plazo para su construcción no sería inferior a los 100 años.

Sin embargo, las opiniones entre los especialistas están repartidas, ya que así como algunos afirman que un túnel de estas características podría concretarse, otros argumentan que es sumamente difícil lograrlo. Entre ambas posturas, son varias las opciones que en los últimos tiempos se vienen estudiando, cada una con sus pros y sus contras.

Opción 1: la ruta corta

El Atlántico es un océano que ocupa más de 106 millones de kilómetros cuadrados, con una distancia media entre este y oeste de 4.870 kilómetros. La separación entre Nueva York y Londres, dos urbes por lo general utilizadas como ejemplo para hacer las veces de cabeceras de una conexión transatlántica, es de 5.585 kilómetros. Uno de los planes para cruzar el Atlántico sin utilizar barcos o aviones tiene como punto de partida las tierras de Terranova, en Canadá, con dirección norte para pasar por Groenlandia e Islandia y, allí sí, sumergirse en el mar hasta llegar (en un túnel ramificado) a las costas de Gran Bretaña y Noruega. En materia de costos, a unos 6.000 millones de euros por kilómetro, este proyecto resultaría la mitad de oneroso que una conexión submarina directa entre Nueva York y Londres, pero contaría con el inconveniente de las extremas condiciones climáticas que se dan en la zona del Círculo Polar Ártico y que harían imposible el trabajo de superficie.

Opción 2: empleo de tuneladoras

Así como en su momento la idea de unir Francia con Gran Bretaña por debajo del Canal de la Mancha pareció un proyecto imposible y hoy es realidad, también surgió la idea de construir un túnel similar que cruce todo el océano Atlántico. Pero si se considera como antecedente el ritmo empleado por las tuneladoras para excavar a lo largo de 40 kilómetros por debajo del lecho del canal, realizar el mismo trabajo en el océano Atlántico demandaría ¡300 años! Además, el Eurotúnel se encuentra solo 60 metros por debajo del nivel del mar, mientras que el fondo del océano está, en algunos sectores, a 8.000 metros. Los efectos de la presión al trabajar a esa profundidad serían devastadores, sin contar que, en su camino, el túnel deberá toparse con la Cordillera Dorsal Atlántica, una zona en permanente cambio con frecuentes movimientos sísmicos de gran magnitud.

Opción 3: túnel sumergido

Sin excavar en el lecho marino, pero sí utilizándolo como plataforma para montar secciones prefabricadas como las que conforman el túnel Marmaray, el proyecto se toparía de nuevo con la gran distancia a cubrir. Las secciones de túnel prefabricadas tienen por lo general 100 metros de largo y contienen unas 30.000 toneladas de acero y hormigón (la misma cantidad de material que se requiere para construir un edificio de 10 plantas). Cada sección, debido al proceso de elaboración, requiere 28 días antes de quedar terminada. Si se estima que para unir Nueva York con Londres por este método se necesitarían unas 50.000 secciones, construirlas requeriría el trabajo de 225 fábricas, produciendo las 24 horas… ¡durante 20 años!

Más inconvenientes se suman al momento de transportarlas, sumergirlas en el lugar preciso y fijarlas a ciegas ante la falta de luz solar debido a la profundidad. También, a raíz de la cantidad de agua que tendrían encima, cada sección recibiría una presión de 2.000 toneladas por metro cuadrado. El túnel quedaría pulverizado irremediablemente antes de ser habilitado.

Opción 4: proyecto fiordo

Noruega es un país surcado por fiordos, con paisajes maravillosos donde conviven tranquilas (pero profundas) aguas e impresionantes montañas. Como son muchos los turistas que eligen este tipo de destino, el tránsito en la superficie, para ir de un sitio a otro, se torna cada vez más complicado. Excavar túneles sumergidos es imposible debido a las profundidades de cada fiordo, mientras que construir puentes dañaría considerablemente el paisaje. Sin embargo, desde allí se presentó una alternativa que todavía no se puso a prueba, pero sería un importante avance tecnológico para la concreción del túnel transatlántico. En 1987, un grupo de ingenieros ideó la posibilidad de construir un túnel que flote a 25 metros por debajo de la superficie. La conexión, con forma de tubo, mantendría una proporción pareja entre aire y lastre para permitir su flotación (utilizando el mismo principio de cualquier submarino). Y para asegurar que no ascienda, varias amarras lo anclarían al fondo. ¿Podría ser esta la alternativa a utilizar en el túnel transatlántico?

Si la conexión transatlántica recurre a la opción del túnel flotante, habrá que resolver cómo mantenerlo en una posición estable sin que sea afectado por las corrientes marinas. Hay que tener en cuenta que por el sector norte del océano Atlántico pasa la corriente del Golfo, una masa de agua en constante movimiento.

¿Servirían gigantescos pilares como en un puente? No, porque se necesitarían miles, con una altura de kilómetros, y su construcción sería tanto o más onerosa que el propio túnel. ¿Podrían utilizarse grandes pontones flotantes que lo sujetaran desde la superficie? Tampoco, porque habría que lidiar con las extremas condiciones climáticas imperantes en medio del océano. Una de las alternativas más aceptables, sin embargo, sería la implementación de anclas de presión que se adhieren al fondo marino, tal como sucede en algunas de las más modernas plataformas de extracción petrolífera del Mar del Norte. Una vez resuelto el anclaje, la profundidad ideal para evitar problemas con el tráfico marino o la presión del mar sería de 100 metros, y la sujeción a las anclas se concretaría por medio de cables de acero (como los utilizados en puentes colgantes), que llegarían hasta el lecho marino combinando su resistencia y flexibilidad.

Si en verdad el túnel transatlántico resulta del avance de las ideas que provienen de Noruega y queda firmemente sostenido por las anclas de las plataformas petrolíferas, el siguiente paso a resolver es el tránsito de los trenes de alta velocidad. La mayoría de los proyectos coinciden en disponer de secciones prefabricadas de hormigón, con una protección exterior de acero y complementada en medio por capas de espuma de alta flotabilidad. En su interior habría vías en ambos sentidos para el tránsito de los trenes, así como otra vía auxiliar para casos de emergencia. Más tubos de servicio proporcionarían energía, comunicaciones y accesos para reparaciones; en tanto que todo el túnel estaría monitoreado permanentemente por un sistema GPS para reaccionar ante cualquier cambio en las tensiones de sustentación.

A principios del siglo xx, realizar un viaje en barco entre Nueva York y Londres demandaba 6 o 7 días. La llegada de los aviones a reacción permitió hacerlo en 6 o 7 horas. En su época de esplendor, el avión Concorde supersónico demoraba menos de 3 horas. ¿Qué tecnología será necesaria para cruzar el túnel transatlántico en apenas una hora? Los trenes más rápidos de la actualidad alcanzan los 400 kilómetros por hora. Para lograr aquel tiempo impuesto por la fantasía, habría que viajar hasta 20 veces más rápido.

La tecnología está trabajando en mejorar los tiempos. De perfeccionarse el funcionamiento de los trenes maglev (en vez de desplazarse sobre rieles lo hacen por medio de un campo magnético), el promedio se acortaría bastante. Sin embargo, un último obstáculo a vencer para alcanzar los 8.000 kilómetros por hora del proyecto ideal es la resistencia del aire. Para esto, los conductos del túnel transatlántico deberían ser auténticos tubos de vacío para que cada formación se dirija hacia su destino como si de un proyectil se tratase.

Un proyecto ambicioso, difícil de concebir, con miles de inconvenientes físicos, naturales, materiales y de logística. De todos, tal vez el mayor problema sea conseguir el dinero para concretarlo y que el producto de tanta inversión resulte un medio de transporte rápido y económico que permita, en poco tiempo, unir uno y otro lado del océano Atlántico. Nadie puede asegurar que un megaproyecto de esta envergadura sea factible. Si así resultase, quienes suban a un tren comerán un aperitivo en Nueva York y coman el postre en Londres, antes de bajarse.

GLOSARIO

Árido. Material granulado que se utiliza como materia prima en la construcción. Se diferencia de otros materiales por su estabilidad química, su resistencia mecánica y su tamaño. Según su origen, puede ser natural, artificial o reciclado.

Cerchas. Elementos compuestos por barras de acero o madera que se interconectan para formar estructuras triangulares que constituyen un entramado rígido.

Clave. En arquitectura es la dovela central de un arco; también es la pieza central de una bóveda.

Condiciones geomecánicas. Estudio geológico del comportamiento de suelos y rocas.

Detritus. También conocido como "detrito", es el resultado de la descomposición de una masa sólida en partículas.

Dovela. Elemento constructivo que conforma un arco y que puede ser de diferentes materiales, como ladrillo o piedra. Actualmente se elaboran en hormigón armado o pretensado.

Emisario. Conducto o canal que sirve para evacuar las aguas residuales de una población en una depuradora, en un río o en el mar.

Entibar. Apuntalar, fortalecer con maderas y codales las excavaciones, especialmente las minas, y otras estructuras que ofrecen riesgo de derrumbe.

Estudio geológico. Análisis de todas las características, tanto superficiales como internas, del suelo en donde se va a realizar un vertido, perforación, cimentación o cualquier tipo de obra.

Estudio geotécnico. Serie de sondeos y comprobaciones a diferentes profundidades para determinar el tipo de suelo de la zona estudiada , así como las tensiones del terreno, la profundidad del nivel freático, etcétera.

Excavación en destroza. Acción de retirar el terreno que queda por debajo de la cota del túnel.Hastiales. Cara lateral de una excavación minera.

Gunita. Hormigón proyectado a presión, utilizado para reforzar y proteger las paredes en túneles y minas.

Longarina. Larguero o travesaño que sirve para unir elementos distantes.

Rastreles o *rippers*. Elementos de una rozadora que se encargan de arrancar y romper los suelos.

Sílex. Piedra muy dura formada principalmente por sílice que al romperse forma unos bordes muy cortantes.

Solera. 1. Superficie estructural sobre la que se aplica el cemento, empleada como plataforma de trabajo durante la construcción 2. Elemento horizontal más bajo de una estructura de entramado anclado en un muro de cimentación; también se lo conoce como "durmiente".

Tresillones. Barras que unen las diferentes cerchas formando un conjunto.

BIBLIOGRAFÍA RECOMENDADA

- Acciona Experience. La máquina que ni Julio Verne pudo imaginar, disponible en internet: https://experience.acciona.com/es/construccion/proyectos-de-contruccion-con-tuneladoras/.

- Asociación Internacional de Túneles y del Espacio Subterráneo. Aqualine Bahía de Tokio, disponible en internet: https://tunnel.ita-aites.org/es/cases-histories/case/transbay-tokyo.

- Asociación Internacional de Túneles y del Espacio Subterráneo. Túnel de base de San Gotardo, disponible en internet: https://tunnel.ita-aites.org/es/cases-histories/case/gotthard-base-tunnel.

- Asociación Internacional de Túneles y del Espacio Subterráneo. SMART, Malasia, disponible en internet: https://tunnel.ita-aites.org/es/cases-histories/case/smart-malaysia.

- Brusadin, Santiago. Marmaray, el túnel bajo el Bósforo, disponible en internet: https://www.trt.net.tr/espanol/programas/2016/03/15/marmaray-el-tunel-bajo-el-bosforo-450709.

- CNN. Crossrail: el proyecto de ingeniería más ambicioso de Europa, disponible en internet: https://cnnespanol.cnn.com/2015/10/19/crossrail-el-proyecto-de-ingenieria-mas-ambicioso-de-europa/.

- Chunga Bayona, Manuel. Historia de los túneles y su evolución histórica, disponible en internet: https://www.academia.edu/25052471/Historia_de_los_t%C3%BAneles_y_su_evoluci%C3%B3n_hist%C3%B3rica.

- Destino infinito. Túnel de Gouliang, un desafío a la muerte, disponible en internet: https://destinoinfinito.com/tunel-guoliang/.

- Guerra Torralbo, Juan Carlos y Samaniego, Juan. Mega-túneles I: así se agujerea la tierra, disponible en internet: https://blog.ferrovial.com/es/2017/09/construccion-de-tuneles/.

- Ibáñez, Álvaro. Así son las gigantescas tuneladoras para proyectos subterráneos, disponible en internet: https://blog.ferrovial.com/es/2018/04/asi-son-las-gigantescas-tuneladoras-para-proyectos-subterraneos/.

- Ibazeta Alessi, Andrés y Sosa, Adrián Gustavo. Topografía subterránea, disponible en internet: https://www.studocu.com/es-ar/document/universidad-nacional-de-san-juan/topografia-aplicada/apuntes-de-clase/topografia-subterranea/2923061/view.

- Ingeoexpert. Eurotúnel, disponible en internet: https://ingeoexpert.com/blog/2018/08/03/eurotunel-tunel-del-canal-la-mancha/?v=7516fd43adaa.

- Revista Vial. San Gotardo: el túnel ferroviario más largo del mundo, disponible en internet: http://revistavial.com/san-gotardo-el-tunel-ferroviario-mas-largo-del-mundo/.

- Secretaría de Comunicaciones y Transporte, Gobierno de México. Manual de diseño y construcción de túneles de carretera, disponible en internet: http://www.sct.gob.mx/carreteras/direccion-general-de-servicios-tecnicos/normativa/manuales/.

- Structuralia. Construcción de túneles: mecanismos de sostenimiento del terreno, disponible en internet: https://blog.structuralia.com/construccion-de-tuneles-mecanismos-de-sostenimiento-del-terreno.

TÍTULOS DE LA COLECCIÓN

Inteligencia artificial
Las máquinas capaces de pensar ya están aquí

***

Genoma humano
El editor genético CRISPR y la vacuna contra el Covid-19

***

Coches del futuro
El DeLorean del siglo XXI y los nanomateriales

***

Ciudades inteligentes
Singapur: la primera smart-nation

***

Biomedicina
Implantes, respiradores mecánicos y cyborg reales

***

La Estación Espacial Internacional
Un laboratorio en el espacio exterior

***

Megaestructuras
El viaducto de Millau: un prodigio de la ingeniería

***

Grandes túneles
Los túneles más largos, anchos y peligrosos

***

Tejidos inteligentes
Los diseños de Cutecircuit

***

Robots industriales
El Centro Espacial Kennedy

***

www.ingramcontent.com/pod-product-compliance
Lightning Source LLC
Chambersburg PA
CBHW062026200326
41519CB00017B/4940